小学 **1** 年生

ぶん しょう だい
文章題にぐーんと強くなる

学習指導要領対応

KUMON

もくじ

1年生

たしざんと
ひきざん

1 たしざんと ひきざん①

1 ふうせんは あわせて いくつですか。〔8てん〕

1つ　　　　1つ

こたえ 2 つ

2 いろがみは あわせて なんまいですか。〔8てん〕

2まい　　　　1まい

こたえ □ まい

3 りんごは あわせて なんこですか。〔8てん〕

3こ　　　　2こ

こたえ □ こ

4 さらは あわせて なんまいですか。〔8てん〕

1まい　　　　3まい

こたえ □ まい

5 おはじきは あわせて なんこですか。〔8てん〕

2こ　　　　3こ

こたえ □ こ

6 きんぎょは あわせて なんびきですか。〔8てん〕

4ひき　　　　1ぴき

こたえ □ ひき

7 ねこは　あわせて　なんびきですか。〔8てん〕

5ひき　　　　　　　2ひき

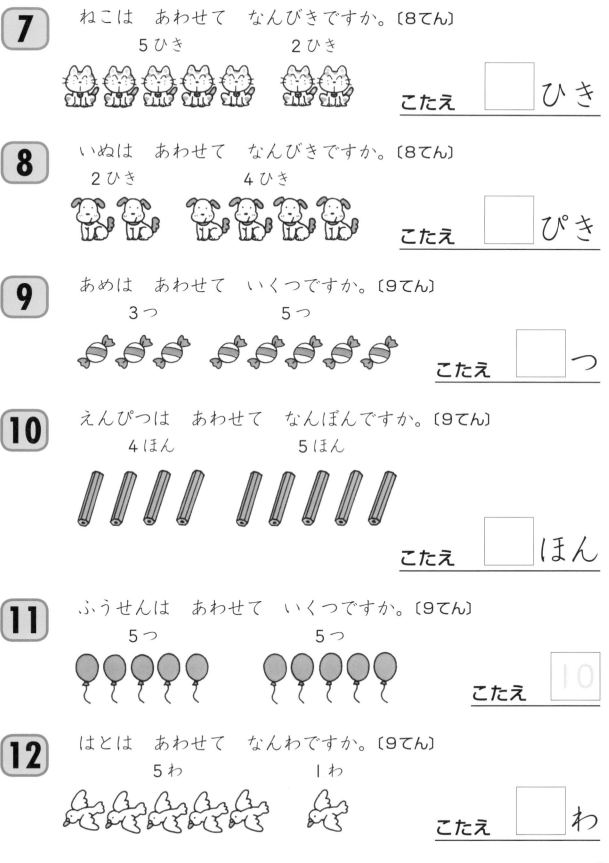

こたえ □ ひき

8 いぬは　あわせて　なんびきですか。〔8てん〕

2ひき　　　　　　　4ひき

こたえ □ ぴき

9 あめは　あわせて　いくつですか。〔9てん〕

3つ　　　　　　　　5つ

こたえ □ つ

10 えんぴつは　あわせて　なんぼんですか。〔9てん〕

4ほん　　　　　　　5ほん

こたえ □ ほん

11 ふうせんは　あわせて　いくつですか。〔9てん〕

5つ　　　　　　　　5つ

こたえ 10

12 はとは　あわせて　なんわですか。〔9てん〕

5わ　　　　　　　　1わ

こたえ □ わ

2 たしざんと ひきざん②

とくてん

てん

答え 別冊解答 1 ページ

1 みかんが　2こと　1こ，あわせて　なんこですか。〔8てん〕

こたえ ☐ こ

2 せんべいが　4まいと　1まい，あわせて　なんまいですか。〔8てん〕

こたえ ☐ まい

3 さるが　3びきと　1ぴき，あわせて　なんびきですか。〔8てん〕

こたえ ☐ ひき

4 いろがみが　2まいと　3まい，あわせて　なんまいですか。〔8てん〕

こたえ ☐ まい

5 いちごが　1こと　5こ，あわせて　なんこですか。〔8てん〕

こたえ　　　　こ

6 すずめが　2わと　4わ，あわせて　なんわですか。〔8てん〕

こたえ　　　　わ

7 あひるが　3わと　4わ，あわせて　なんわですか。〔8てん〕

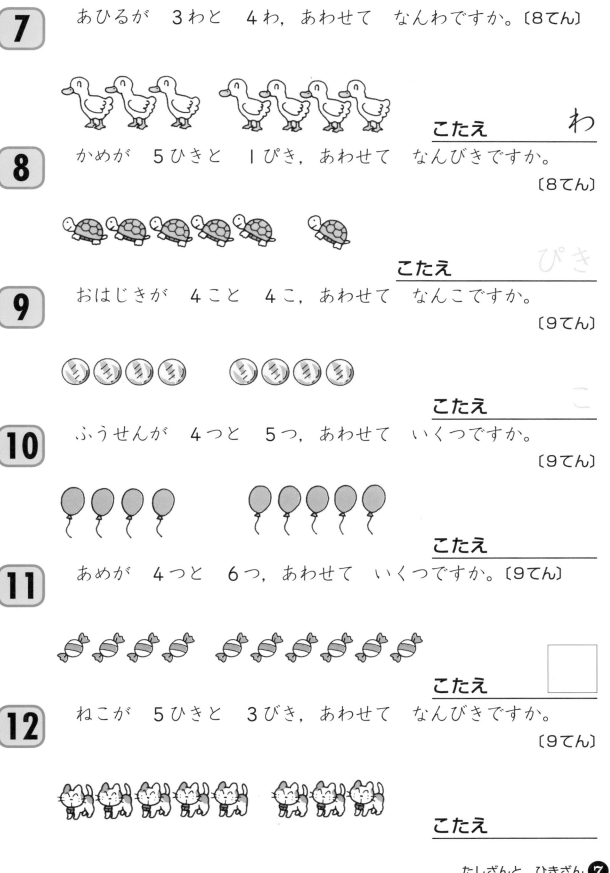

こたえ ＿＿＿＿＿＿ わ

8 かめが　5ひきと　1ぴき，あわせて　なんびきですか。

〔8てん〕

こたえ ＿＿＿＿＿＿ ぴき

9 おはじきが　4こと　4こ，あわせて　なんこですか。

〔9てん〕

こたえ ＿＿＿＿＿＿ こ

10 ふうせんが　4つと　5つ，あわせて　いくつですか。

〔9てん〕

こたえ ＿＿＿＿＿＿

11 あめが　4つと　6つ，あわせて　いくつですか。〔9てん〕

こたえ ＿＿＿＿＿＿

12 ねこが　5ひきと　3びき，あわせて　なんびきですか。

〔9てん〕

こたえ ＿＿＿＿＿＿

3 たしざんと ひきざん③

1 はとが 4わと 3わ, あわせて なんわですか。〔5てん〕

しき 4 + 3 = ☐   こたえ ☐ わ

2 がようしが 6まいと 1まい, あわせて なんまいですか。

〔5てん〕

しき 6 + 1 =   こたえ   まい

3 ねずみが 4ひきと 5ひき, あわせて なんびきですか。

〔10てん〕

しき   こたえ   ひき

4 かたつむりが 6ぴきと 3びき, あわせて なんびきですか。〔10てん〕

しき   こたえ

5 つるが 2わと 6わ, あわせて なんわですか。〔10てん〕

しき

こたえ _____

6 いちごが 3こと 5こ, あわせて なんこですか。〔10てん〕

しき

こたえ _____

7 ほんが 4さつと 4さつ, あわせて なんさつですか。

〔10てん〕

しき

こたえ _____

8 えんぴつが 1ぽんと 9ほん, あわせて なんぼんですか。

〔10てん〕

しき

こたえ _____

9 ふうせんが 5つと 2つ, あわせて いくつですか。

〔10てん〕

しき

こたえ _____

10 ねこが 4ひきと 3びき, あわせて なんびきですか。

〔10てん〕

しき

こたえ _____

11 みかんが 3こと 6こ, あわせて なんこですか。〔10てん〕

しき

こたえ _____

1 めだかは　ぜんぶで　なんびきに　なりますか。〔9てん〕

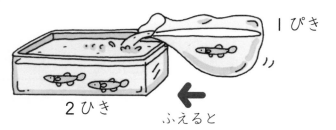

1ぴき

2ひき

ふえると

こたえ　3　びき

2 じどうしゃは　ぜんぶで　なんだいに　なりますか。〔9てん〕

3だい

ふえると　1だい

こたえ　　　だい

3 はとは　ぜんぶで　なんわに　なりますか。〔9てん〕

4わ

ふえると　3わ

こたえ　　　わ

4 ちょうは　ぜんぶで　なんびきに　なりますか。〔9てん〕

2ひき

ふえると　2ひき

こたえ　　　ひき

5 ねこは　ぜんぶで　なんびきに　なりますか。〔9てん〕

2ひき

ふえると　3びき

こたえ　　　ひき

6 かめは　ぜんぶで　なんびきに　なりますか。〔9てん〕

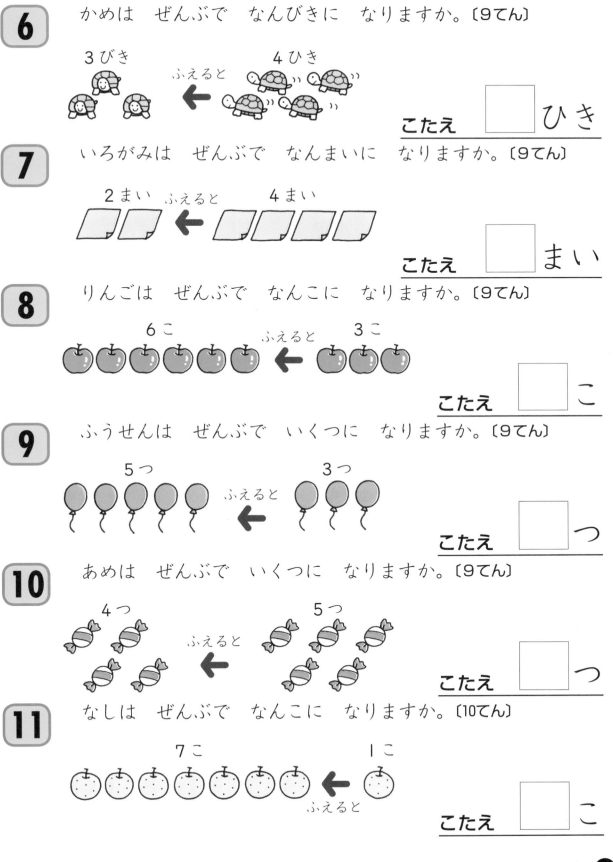

3びき　ふえると　4ひき

こたえ　☐ひき

7 いろがみは　ぜんぶで　なんまいに　なりますか。〔9てん〕

2まい　ふえると　4まい

こたえ　☐まい

8 りんごは　ぜんぶで　なんこに　なりますか。〔9てん〕

6こ　ふえると　3こ

こたえ　☐こ

9 ふうせんは　ぜんぶで　いくつに　なりますか。〔9てん〕

5つ　ふえると　3つ

こたえ　☐つ

10 あめは　ぜんぶで　いくつに　なりますか。〔9てん〕

4つ　ふえると　5つ

こたえ　☐つ

11 なしは　ぜんぶで　なんこに　なりますか。〔10てん〕

7こ　1こ　ふえると

こたえ　☐こ

とくてん

てん

答え➡別冊解答2ページ

1 くるまが 2だい とまって います。2だい ふえると, なんだいに なりますか。〔9てん〕

こたえ □ だい

2 いぬが 4ひき います。1ぴき ふえると, なんびきに なりますか。〔9てん〕

こたえ □ ひき

3 かめが 2ひき います。3びき ふえると, なんびきに なりますか。〔9てん〕

こたえ □ ひき

4 こどもが 4にん います。3にん ふえると, なんにんに なりますか。〔9てん〕

こたえ にん

5 さらが 2まい あります。4まい ふえると, なんまいに なりますか。〔9てん〕

こたえ まい

6 おはじきが 5こ あります。2こ ふえると, なんこに なりますか。〔9てん〕

こたえ ＿＿＿＿＿ こ

7 あめが 3つ あります。1つ ふえると, いくつに なりますか。〔9てん〕

こたえ ＿＿＿＿＿ つ

8 みかんが 4こ あります。4こ ふえると, なんこに なりますか。〔9てん〕

こたえ ＿＿＿＿＿ こ

9 えほんが 2さつ あります。3さつ ふえると, なんさつに なりますか。〔9てん〕

こたえ ＿＿＿＿＿

10 ねずみが 2ひき います。5ひき ふえると, なんびきに なりますか。〔9てん〕

こたえ ＿＿＿＿＿

11 こまが 5こ あります。4こ ふえると, なんこに なりますか。〔10てん〕

こたえ ＿＿＿＿＿

たしざんと ひきざん⑥

答え▶ 別冊解答 2 ページ

1 いぬが 3びき います。5ひき ふえると, なんびきに なりますか。〔5てん〕

しき　3＋5＝ ☐　　　こたえ ☐ ひき

2 たまごが 4こ あります。2こ ふえると, なんこに なりますか。〔5てん〕

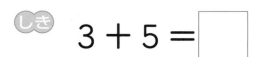

しき　4＋2＝　　　こたえ 　　　こ

3 がようしが 3まい あります。3まい ふえると, なんまいに なりますか。〔10てん〕

しき　　　　　こたえ 　　　まい

4 えほんが 4さつ あります。1さつ ふえると, なんさつに なりますか。〔10てん〕

しき　　　　　こたえ

5 はなが　3ぼん　あります。5ほん　ふえると，なんぼんに
なりますか。〔10てん〕

（しき）

こたえ _____

6 ぬいぐるみが　7つ　あります。2つ　ふえると，いくつに
なりますか。〔10てん〕

（しき）

こたえ _____

7 かさが　5ほん　あります。1ぽん　ふえると，なんぼんに
なりますか。〔10てん〕

（しき）

こたえ _____

8 こどもが　6にん　います。3にん　ふえると，なんにんに
なりますか。〔10てん〕

（しき）

こたえ _____

9 ねこが　2ひき　います。5ひき　ふえると，なんびきに
なりますか。〔10てん〕

（しき）

こたえ _____

10 ひよこが　6わ　います。4わ　ふえると，なんわに　なりま
すか。〔10てん〕

（しき）

こたえ _____

11 さらが　8まい　あります。2まい　ふえると，なんまいに
なりますか。〔10てん〕

（しき）

こたえ _____

1 いちごが 4こ あります。3こ ふえると, なんこに なり
ますか。〔5てん〕

 4＋3＝ □   こたえ □こ

2 こいが 2ひきと 4ひき, あわせて なんびきに なります
か。〔5てん〕

 2＋4＝   こたえ ＿＿＿＿＿ ぴき

3 こどもが 3にんと 4にん, みんなで なんにんに
なりますか。〔9てん〕

 しき

こたえ ＿＿＿＿＿

4 じどうしゃが 2だい とまって います。4だい くると,
ぜんぶで なんだいに なりますか。〔9てん〕

しき

こたえ ＿＿＿＿＿

5 あかい ふうせんが 2つと あおい ふうせんが 3つ,
あわせて いくつに なりますか。〔9てん〕

しき

こたえ ＿＿＿＿＿

6 ほんを 3さつ もって います。3さつ もらうと, ぜんぶ
で なんさつに なりますか。〔9てん〕

しき

こたえ ＿＿＿＿＿

7 ねこが 5ひき います。4ひき くると, みんなで なんびきに なりますか。〔9てん〕

しき

こたえ _____

8 こどもが 5にん います。3にん くると, みんなで なんにんに なりますか。〔9てん〕

しき

こたえ _____

9 あかい きんぎょが 3びきと くろい きんぎょが 6ぴき, あわせて なんびきに なりますか。〔9てん〕

しき

こたえ _____

10 さるが 4ひき います。4ひき くると, みんなで なんびきに なりますか。〔9てん〕

しき

こたえ _____

11 あかい いろがみが 2まいと あおい いろがみが 5まい, あわせて なんまいに なりますか。〔9てん〕

しき

こたえ _____

12 いろがみを 3まい もって います。5まい もらうと, ぜんぶで なんまいに なりますか。〔9てん〕

しき

こたえ _____

1 はとが 5わ います。2わ とんで いくと、のこりは なんわですか。〔8てん〕

 とんで いくと

こたえ ☐ わ

2 じどうしゃが 3だい とまって います。1だい でて いくと、のこりは なんだいですか。〔8てん〕

 でて いくと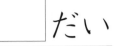

こたえ ☐ だい

3 こどもが 6にん います。3にん かえると、のこりは なんにんですか。〔8てん〕

 かえると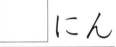

こたえ ☐ にん

4 おりがみが 4まい あります。1まい つかうと、のこりは なんまいですか。〔8てん〕

 つかうと

こたえ ☐ まい

5 おはじきが 5こ あります。2こ とると、のこりは なんこですか。〔8てん〕

  とると

こたえ ☐ こ

6 あめが 3こ あります。1こ たべると、のこりは なんこですか。〔8てん〕

 たべると

こたえ ☐ こ

7 みかんが 4こ あります。2こ たべると, のこりは なん
こですか。〔8てん〕

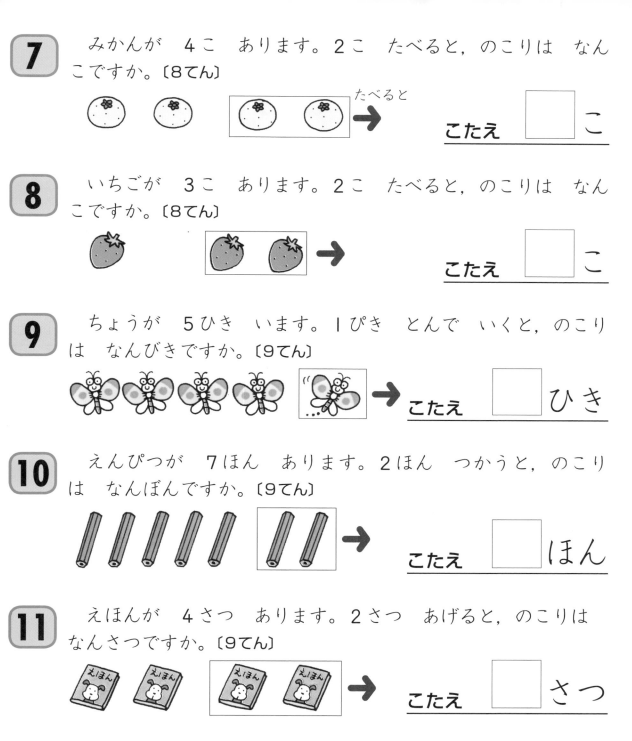

こたえ □ こ

8 いちごが 3こ あります。2こ たべると, のこりは なん
こですか。〔8てん〕

こたえ □ こ

9 ちょうが 5ひき います。1ぴき とんで いくと, のこり
は なんびきですか。〔9てん〕

こたえ □ ひき

10 えんぴつが 7ほん あります。2ほん つかうと, のこり
は なんぼんですか。〔9てん〕

こたえ □ ほん

11 えほんが 4さつ あります。2さつ あげると, のこりは
なんさつですか。〔9てん〕

こたえ □ さつ

12 ふうせんが 6つ あります。4つ とんで いくと, のこり
は いくつですか。〔9てん〕

こたえ □ つ

9 たしざんと ひきざん⑨

1 はなが 5ほん あります。3ぼん とると, のこりは なんぼんですか。〔5てん〕

しき 5 − 3 = □　　こたえ □ ほん

2 きんぎょが 7ひき います。4ひき あげると, のこりは なんびきですか。〔5てん〕

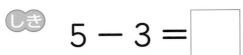

しき 7 − 4 ＝　　こたえ 　びき

3 いぬが 3びき います。1ぴき でて いくと, のこりは なんびきですか。〔10てん〕

しき 　　こたえ

4 がようしが 4まい あります。3まい つかうと, のこりは なんまいですか。〔10てん〕

しき 　　こたえ

5 りんごが 6こ あります。3こ たべると, のこりは なん
こですか。〔10てん〕

しき

こたえ _____

6 すずめが 7わ います。5わ とんで いくと, のこりは
なんわですか。〔10てん〕

しき

こたえ _____

7 ちょうが 5ひき います。2ひき とんで いくと, のこり
は なんびきですか。〔10てん〕

しき

こたえ _____

8 つみきが 8こ あります。6こ つかうと, のこりは なん
こですか。〔10てん〕

しき

こたえ _____

9 みかんが 7こ あります。3こ たべると, のこりは なん
こですか。〔10てん〕

しき

こたえ _____

10 つばめが 8わ います。5わ とんで いくと, のこりは
なんわですか。〔10てん〕

しき

こたえ _____

11 せみが 9ひき います。5ひき とんで いくと, のこりは
なんびきですか。〔10てん〕

しき

こたえ _____

とくてん

てん

答え 別冊解答
3 ページ

1 ねこが 6ぴき，ねずみが 4ひき います。ちがいは なん びきですか。〔10てん〕

こたえ 　　　ひき

2 あかい はなが 5ほん，しろい はなが 4ほん あります。ちがいは なんぼんですか。〔10てん〕

こたえ 　　　ぽん

3 いちごが 3こ，なしが 5こ あります。ちがいは なんこですか。〔10てん〕

こたえ 　　　こ

4 ありが 4ひき，せみが 7ひき います。ちがいは なんびきですか。〔10てん〕

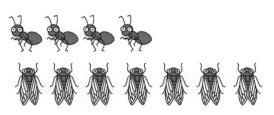

こたえ 　　　びき

5 えほんが 7さつ，ずかんが 5さつ あります。ちがいは なんさつですか。〔10てん〕

こたえ ☐ さつ

6 りんごが 3こ，みかんが 2こ あります。ちがいは なんこですか。〔10てん〕

こたえ ☐ こ

7 はくちょうが 2わ，あひるが 6わ います。ちがいは なんわですか。〔10てん〕

こたえ ☐ わ

8 こまが 5こ，おはじきが 8こ あります。ちがいは なんこですか。〔10てん〕

こたえ ☐ こ

9 さるが 3びき，かめが 6ぴき います。ちがいは なんびきですか。〔10てん〕

こたえ ☐ びき

10 はとが 4わ，すずめが 8わ います。ちがいは なんわですか。〔10てん〕

こたえ ☐ わ

たしざんと ひきざん⑪

とくてん

てん

答え▶別冊解答
4 ページ

1 ねこが 6ぴき，いぬが 4ひき います。ちがいは なんびきですか。〔5てん〕

しき 6－4＝☐　　**こたえ** ☐ひき

2 いちごが 5こ，なしが 3こ あります。ちがいは なんこですか。〔5てん〕

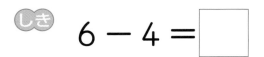

しき 5－3＝　　**こたえ** こ

3 てんとうむしが 2ひき，ちょうが 6ぴき います。ちがいは なんびきですか。〔10てん〕

しき 6－2＝　　**こたえ**

4 あかい はなが 4ほん，しろい はなが 7ほん あります。ちがいは なんぼんですか。〔10てん〕

しき　　**こたえ**

5 あおい ふうせんが 3つ，あかい ふうせんが 2つ あります。ちがいは いくつですか。〔10てん〕

しき

こたえ _____

6 しろい おはじきが 2こ，あおい おはじきが 8こ あります。ちがいは なんこですか。〔10てん〕

しき

こたえ _____

7 ばらが 7ほん，ゆりが 5ほん あります。ちがいは なんぼんですか。〔10てん〕

しき

こたえ _____

8 あひるが 8わ，はとが 4わ います。ちがいは なんわですか。〔10てん〕

しき

こたえ _____

9 にんじんが 7ほん，だいこんが 5ほん あります。ちがいは なんぼんですか。〔10てん〕

しき

こたえ _____

10 あかい いろがみが 5まい，きいろい いろがみが 8まい あります。ちがいは なんまいですか。〔10てん〕

しき

こたえ _____

11 ほそい ふでが 6ぽん，ふとい ふでが 2ほん あります。ちがいは なんぼんですか。〔10てん〕

しき

こたえ _____

1 みかんが 5こ, りんごが 3こ あります。みかんは りんごより なんこ おおいでしょうか。〔10てん〕

しき $5 - 3 = \boxed{}$　　こたえ $\boxed{}$ こ

2 ねこが 4ひき, ねずみが 7ひき います。ねずみは ねこより なんびき おおいでしょうか。〔10てん〕

しき $7 - 4 =$　　　　こたえ 　　びき

3 ありが 6ぴき, せみが 3びき います。ありは せみより なんびき おおいでしょうか。

〔10てん〕

しき 　　　　こたえ

4 はとが 5わ, すずめが 6わ います。はとは すずめより なんわ すくないでしょうか。〔10てん〕

しき $6 - 5 =$　　　　こたえ

5 あかい はなが 8ほん, しろい はなが 5ほん あります。しろい はなは あかい はなより なんぼん すくないでしょうか。〔10てん〕

しき

こたえ _____

6 てんとうむしが 6ぴき, ちょうが 8ひき います。てんとうむしは ちょうより なんびき すくないでしょうか。〔10てん〕

しき

こたえ _____

7 しろい ふうせんが 7つ, あおい ふうせんが 3つ あります。あおい ふうせんは しろい ふうせんより いくつ すくないでしょうか。〔10てん〕

しき

こたえ _____

8 なしが 5こ, りんごが 7こ あります。りんごは なしより なんこ おおいでしょうか。〔10てん〕

しき

こたえ _____

9 ふとい ふでが 4ほん, ほそい ふでが 9ほん あります。ほそい ふでは ふとい ふでより なんぼん おおいでしょうか。〔10てん〕

しき

こたえ _____

10 あかい きんぎょが 4ひき, くろい きんぎょが 9ひき います。あかい きんぎょは くろい きんぎょより なんびき すくないでしょうか。〔10てん〕

しき

こたえ _____

たしざんと ひきざん⑬

答え 別冊解答 4 ページ

1 りんごが 7こ, みかんが 4こ あります。ちがいは なんこですか。〔5てん〕

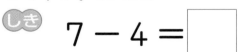 しき $7 - 4 =$ ☐　　　こたえ ☐ こ

2 りんごが 6こ, みかんが 4こ あります。りんごは みかんより なんこ おおいでしょうか。〔5てん〕

 しき $6 - 4 =$　　　こたえ　　　こ

3 いぬが 6ぴき, ねこが 2ひき います。ちがいは なんびきですか。〔9てん〕

 しき

こたえ

4 いぬが 5ひき, ねこが 2ひき います。ねこは いぬより なんびき すくないでしょうか。〔9てん〕

 しき

こたえ

5 こどもが 8にん います。5にん かえると, のこりは なんにんですか。〔9てん〕

 しき

こたえ

6 はとが 2わ, すずめが 5わ います。すずめは はとより なんわ おおいでしょうか。〔9てん〕

 しき

こたえ

7 こどもが 7にん，おとなが ふたり います。ちがいは なんにんですか。〔9てん〕

しき

こたえ _____

8 りんごが 5こ，なしが 7こ あります。なしは りんごより なんこ おおいでしょうか。〔9てん〕

しき

こたえ _____

9 ちょうが 6ぴき います。3びき とんで いくと，のこりは なんびきですか。〔9てん〕

しき

こたえ _____

10 あかい はなが 3ぼん，きいろい はなが 7ほん あります。あかい はなは きいろい はなより なんぼん すくないでしょうか。〔9てん〕

しき

こたえ _____

11 みどりの いろがみが 4まい，きいろい いろがみが 8まい あります。きいろい いろがみは みどりの いろがみより なんまい おおいでしょうか。〔9てん〕

しき

こたえ _____

12 あかい きんぎょが 5ひき，くろい きんぎょが 6ぴき います。ちがいは なんびきですか。〔9てん〕

しき

こたえ _____

1 きんぎょが 5ひき, めだかが 3びき います。あわせて
なんびきですか。〔5てん〕

しき 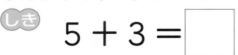 5＋3＝☐　　　こたえ ☐ ひき

2 きんぎょが 5ひき, こいが 2ひき います。ちがいは
なんびきですか。〔5てん〕

しき  5－2＝　　　こたえ ＿＿＿＿ びき

3 おとなが 4にん, こどもが 3にん います。みんなで
なんにんですか。〔9てん〕

しき

こたえ ＿＿＿＿＿＿＿＿

4 おとなが 8にん, こどもが 5にん います。ちがいは
なんにんですか。〔9てん〕

しき

こたえ ＿＿＿＿＿＿＿＿

5 りんごが 3こ, みかんが 5こ あります。りんごは みか
んより なんこ すくないでしょうか。〔9てん〕

しき

こたえ ＿＿＿＿＿＿＿＿

6 いぬが 5ひき, ねこが 3びき います。ちがいは なんび
きですか。〔9てん〕

しき

こたえ ＿＿＿＿＿＿＿＿

7 あかい いろがみが 4まい, あおい いろがみが 4まい あります。ぜんぶで なんまいですか。〔9てん〕

しき

こたえ _____

8 あかい ふうせんが 7つ, あおい ふうせんが 5つ あります。ちがいは いくつですか。〔9てん〕

しき

こたえ _____

9 しろい おはじきが 5こ, あかい おはじきが 4こ あります。あわせて なんこですか。〔9てん〕

しき

こたえ _____

10 ものがたりの ほんが 4さつ, えほんが 9さつ あります。えほんは ものがたりの ほんより なんさつ おおいでしょうか。〔9てん〕

しき

こたえ _____

11 あかい ばらが 4ほん, しろい ばらが 5ほん あります。ばらは あわせて なんぼんですか。〔9てん〕

しき

こたえ _____

12 あかい ばらが 5ほん, しろい ばらが 9ほん あります。ちがいは なんぼんですか。〔9てん〕

しき

こたえ _____

1 がようしが 6まい あります。2まい もらうと, なんまい に なりますか。〔5てん〕

しき 6＋2＝ ☐

こたえ ☐ まい

2 がようしが 6まい あります。3まい つかうと, のこりは なんまいに なりますか。〔5てん〕

しき 6－3＝

こたえ まい

3 りんごが 7こ あります。1こ もらうと, ぜんぶで なん こに なりますか。〔9てん〕

しき

こたえ

4 りんごが 7こ あります。3こ あげると, のこりは なん こに なりますか。〔9てん〕

しき

こたえ

5 いちごが 5こ あります。2こ たべると, のこりは なん こに なりますか。〔9てん〕

しき

こたえ

6 はとが 4わ います。3わ とんで くると, みんなで なんわに なりますか。〔9てん〕

しき

こたえ

7 こどもが 8にん います。4にん かえると, のこりは なんにんに なりますか。〔9てん〕

しき

こたえ _____

8 えんぴつが 6ぽん あります。3ぼん もらうと, ぜんぶで なんぼんに なりますか。〔9てん〕

しき

こたえ _____

9 ふうせんが 5つ あります。2つ もらうと, ぜんぶで いくつに なりますか。〔9てん〕

しき

こたえ _____

10 じどうしゃが 7だい とまって います。4だい でて いくと, のこりは なんだいに なりますか。〔9てん〕

しき

こたえ _____

11 えほんを 6さつ もって います。3さつ もらうと, ぜんぶで なんさつに なりますか。〔9てん〕

しき

こたえ _____

12 おともだち 7にんで あそんで います。4にん かえりました。いま, なんにんで あそんで いますか。〔9てん〕

しき

こたえ _____

たしざんと ひきざん⑯

1 くろい こいと あかい こいが あわせて 5ひき います。くろい こいは 1ぴき, あかい こいは なんびきですか。〔9てん〕

しき

こたえ _____

2 くろい こいが 3びき, あかい こいが 4ひき います。こいは あわせて なんびきですか。〔9てん〕

しき

こたえ _____

3 こうえんに みんなで 8にんで きました。そのうち, おとなは 3にんです。こどもは なんにんですか。〔9てん〕

しき

こたえ _____

4 かぶとむしと くわがたが ぜんぶで 9ひき います。かぶとむしは 4ひきです。くわがたは なんびきですか。〔9てん〕

しき

こたえ _____

5 くじが ぜんぶで 10ぽん あります。そのうち, あたりは 3ぼんです。はずれは なんぼん ありますか。〔9てん〕

しき

こたえ _____

6 あかい ふうせんが 4つ, あおい ふうせんが 2つ あります。ふうせんは ぜんぶで いくつ ありますか。〔9てん〕

しき

こたえ _____

7 いぬと ねこが あわせて 7ひき います。いぬは 3び
き，ねこは なんびきですか。〔9てん〕

しき

こたえ _____

8 しろい おはじきが 5こ，あかい おはじきが 3こ あり
ます。おはじきは ぜんぶで なんこ ありますか。〔9てん〕

しき

こたえ _____

9 にわとりが こやの なかと そとに あわせて 8わ
います。こやの なかには 6わ います。そとには なんわ
いますか。〔9てん〕

しき

こたえ _____

10 りんごが さらと かごに あわせて 9こ あります。かご
には 4こ あります。さらには なんこ ありますか。〔9てん〕

しき

こたえ _____

11 あかい いろがみと あおい いろがみが あわせて 8ま
い あります。あかい いろがみは 6まい あります。あおい
いろがみは なんまい ありますか。〔10てん〕

しき

こたえ _____

17 たしざんと ひきざん⑰

1 りんごが 7こ, みかんが 4こ あります。どちらが なんこ おおいでしょうか。〔10てん〕

しき $7 - 4 =$ □

こたえ _____ が □ こ おおい。

2 ひつじが 8ひき, やぎが 4ひき います。どちらが なんびき おおいでしょうか。〔10てん〕

しき $8 - 4 =$

こたえ _____ が _____ ひき おおい。

3 きんぎょが 8ひき, めだかが 6ぴき います。どちらが なんびき おおいでしょうか。〔10てん〕

しき

こたえ _____

4 はとが 4わ, すずめが 7わ います。どちらが なんわ おおいでしょうか。〔10てん〕

しき

こたえ _____

5 せみが 6ぴき, ちょうが 9ひき います。どちらが なんびき おおいでしょうか。〔10てん〕

しき

こたえ

6 おとなが 10にん, こどもが 7にん います。どちらが なんにん おおいでしょうか。〔10てん〕

しき

こたえ

7 りんごが 5こ, みかんが 8こ あります。どちらが なんこ おおいでしょうか。〔10てん〕

しき

こたえ

8 あかい ふうせんが 4つ, きいろい ふうせんが 9つ あります。どちらが いくつ おおいでしょうか。〔10てん〕

しき

こたえ

9 あおい いろがみが 7まい, あかい いろがみが 3まい あります。どちらが なんまい おおいでしょうか。〔10てん〕

しき

こたえ

10 あかい はなが 5ほん, きいろい はなが 8ほん さいて います。どちらが なんぼん おおいでしょうか。〔10てん〕

しき

こたえ

1 いぬが 3びき，ねこが 7ひき います。どちらが なんびき すくないでしょうか。〔10てん〕

しき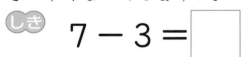

こたえ ＿＿＿＿＿が ＿ひき すくない。

2 うしが 2とう，うまが 4とう います。どちらが なんとう すくないでしょうか。〔10てん〕

しき

こたえ ＿＿＿が ＿とう すくない。

3 いちごが 8こ，みかんが 6こ あります。どちらが なんこ すくないでしょうか。〔10てん〕

しき

こたえ ＿＿＿＿＿＿＿＿＿＿＿＿＿＿＿＿＿

4 おとなが 7にん，こどもが 4にん います。どちらが なんにん すくないでしょうか。〔10てん〕

しき

こたえ ＿＿＿＿＿＿＿＿＿＿＿＿＿＿＿＿＿

5 あおい　ふうせんが　5つ，あかい　ふうせんが　1つ　あります。どちらが　いくつ　すくないでしょうか。〔10てん〕

しき

こたえ

6 あかい　おはじきが　4こ，しろい　おはじきが　9こ　あります。どちらが　なんこ　すくないでしょうか。〔10てん〕

しき

こたえ

7 なしが　6こ，ももが　8こ　あります。どちらが　なんこ　すくないでしょうか。〔10てん〕

しき

こたえ

8 あおい　いろがみが　3まい，あかい　いろがみが　7まい　あります。どちらが　なんまい　すくないでしょうか。〔10てん〕

しき

こたえ

9 えほんが　7さつ，ずかんが　4さつ　あります。どちらが　なんさつ　すくないでしょうか。〔10てん〕

しき

こたえ

10 あたりの　くじが　3つ，はずれの　くじが　8つ　あります。どちらが　いくつ　すくないでしょうか。〔10てん〕

しき

こたえ

1 くるまが 10だい とまって います。5だい きました。あわせて なんだいに なりましたか。〔5てん〕

しき 10＋5＝ □   こたえ □ だい

2 あかい いろがみが 12まい, あおい いろがみが 6まい あります。ぜんぶで なんまいに なりますか。〔5てん〕

しき 12＋6＝   こたえ まい

3 りんごが 17こ あります。2こ もらうと, ぜんぶで なんこに なりますか。〔9てん〕

しき

こたえ

4 ばらの はなが 13ぼん さいて います。きょう 4ほん さきました。ぜんぶで なんぼん さきましたか。〔9てん〕

しき

こたえ

5 おとなが 11にんと こどもが 8にん います。みんなで なんにん いますか。〔9てん〕

しき

こたえ

6 めだかが 16ぴき います。3びき ふえると なんびきに なりますか。〔9てん〕

しき

こたえ

7 えんぴつが 12ほん あります。4ほん もらいました。ぜんぶで なんぼんに なりましたか。〔9てん〕

しき

こたえ ＿＿＿＿＿＿＿＿＿＿

8 はとが 13わ います。3わ とんで きました。ぜんぶで なんわに なりましたか。〔9てん〕

しき

こたえ ＿＿＿＿＿＿＿＿＿＿

9 えほんが 15さつ あります。あたらしく 2さつ かいました。ぜんぶで なんさつに なりましたか。〔9てん〕

しき

こたえ ＿＿＿＿＿＿＿＿＿＿

10 あかい ふうせんが 16，きいろい ふうせんが 3つ あります。あわせて ふうせんは いくつ ありますか。〔9てん〕

しき

こたえ ＿＿＿＿＿＿＿＿＿＿

11 ねこが 13びき います。2ひき やって きました。ぜんぶで ねこは なんびきに なりましたか。〔9てん〕

しき

こたえ ＿＿＿＿＿＿＿＿＿＿

12 おにぎりを 11こ つくりました。あと 5こ つくります。おにぎりは なんこ できますか。〔9てん〕

しき

こたえ ＿＿＿＿＿＿＿＿＿＿

たしざんと ひきざん⑳

答え 別冊解答
8 ページ

1 くるまが 15だい とまって います。3だい でて いきました。いま, なんだい くるまが とまって いますか。

〔5てん〕

しき 15－3＝□ こたえ □ だい

2 たまごが 18こ あります。りょうりに 4こ つかいました。あと なんこ のこって いますか。〔5てん〕

しき 18－4＝ こたえ こ

3 からすが 17わ います。2わ とんで いきました。まだ, なんわ いますか。〔9てん〕

しき

こたえ

4 みかんが 19こ あります。3こ たべました。みかんは あと なんこ のこって いますか。〔9てん〕

しき

こたえ

5 おとなが 16にん, こどもは 6にん います。ちがいは なんにんですか。〔9てん〕

しき

こたえ

6 はくちょうが 14わ, あひるが 3わ います。ちがいは なんわですか。〔9てん〕

しき

こたえ

7 おりがみを 13まい もって います。そのうち 3まい
つかいました。おりがみは なんまい のこって いますか。

〔9てん〕

(しき)

こたえ _____

8 さらに おにぎりが 15こ のって います。3こ たべま
した。おにぎりは なんこ のこって いますか。〔9てん〕

(しき)

こたえ _____

9 いぬが 14ひき, ねこが 2ひき います。いぬは ねこよ
り なんびき おおいですか。〔9てん〕

(しき)

こたえ _____

10 おたまじゃくしが 18ひき, かえるが 7ひき います。
かえるは おたまじゃくしより なんびき すくないですか。

〔9てん〕

(しき)

こたえ _____

11 ふうせんが 19 ありました。そのうち 7つが われて
しまいました。ふうせんは いくつ のこって いますか。

〔9てん〕

(しき)

こたえ _____

12 みどりの いろがみが 14まい, あかい いろがみが 4ま
い あります。ちがいは なんまいですか。〔9てん〕

(しき)

こたえ _____

1 はとが 5わ います。2わ とんで くると, ぜんぶで なんわに なりますか。〔9てん〕

しき

こたえ _____

2 じどうしゃが 6だい とまって います。2だい でて いくと, のこりは なんだいに なりますか。〔9てん〕

しき

こたえ _____

3 おとなが 8にん, こどもが 3にん います。ちがいは なんにんですか。〔9てん〕

しき

こたえ _____

4 あかい ふうせんが 4つ, あおい ふうせんが 3つ あります。あわせて いくつですか。〔9てん〕

しき

こたえ _____

5 こうえんに 9にん います。そのうち, おとなは 5にんです。こどもは なんにんですか。〔9てん〕

しき

こたえ _____

6 にわとりが こやの なかに 12わ, そとに 7わ います。にわとりは あわせて なんわ いますか。〔9てん〕

しき

こたえ _____

7 なしが 8こ, りんごが 5こ あります。どちらが なんこ おおいでしょうか。〔9てん〕

しき

こたえ _____

8 ねこが 4ひき, いぬが 6ぴき います。どちらが なんびき すくないでしょうか。〔9てん〕

しき

こたえ _____

9 えんぴつを 15ほん もって います。2ほん もらうと, ぜんぶで なんぼんに なりますか。〔9てん〕

しき

こたえ _____

10 くろい こいが 19ひき, あかい こいが 6ぴき います。くろい こいは, あかい こいより なんびき おおいでしょうか。〔9てん〕

しき

こたえ _____

11 あおい おはじきが 17こ, しろい おはじきが 3こ あります。ちがいは なんこですか。〔10てん〕

しき

こたえ _____

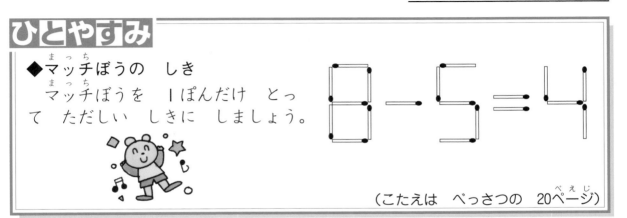

ひとやすみ

◆マッチぼうの しき
　マッチぼうを 1ぽんだけ とって ただしい しきに しましょう。

8-5=4

（こたえは べっさつの 20ページ）

たしざんと ひきざん㉒

1 あかい いろがみが 7まい, きいろい いろがみが 4まい あります。いろがみは あわせて なんまいですか。〔5てん〕

しき 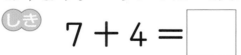 7 + 4 = □   こたえ □ まい

2 つばめが でんせんに 6わ, すの なかに 5わ います。 つばめは あわせて なんわ いますか。〔5てん〕

しき  6 + 5 =   こたえ   わ

3 かめが いけに 4ひき, りくに 8ひき います。かめは あわせて なんびき いますか。〔10てん〕

しき

こたえ

4 いぬが こやの なかに 7ひき, こやの そとに 5ひき います。いぬは あわせて なんびき いますか。〔10てん〕

しき

こたえ

5 はくちょうが いけで 5わ および, 6わ とんで います。はくちょうは あわせて なんわ いますか。〔10てん〕

しき

こたえ

6 いちごが さらに 7こ, かごに 6こ あります。いちごは あわせて なんこ ありますか。〔10てん〕

しき

こたえ

7 えほんが ほんだなに 8さつ, つくえの うえに 4さつ あります。えほんは あわせて なんさつ ありますか。〔10てん〕

こたえ _____

8 けずって いない えんぴつが 2ほん, けずって ある えんぴつが 9ほん あります。えんぴつは あわせて なんぼんありますか。〔10てん〕

こたえ _____

9 おとうさんが ふうせんを 7つ もって いて, おかあさんが 5つ もって います。ふうせんは あわせて いくつ ありますか。〔10てん〕

こたえ _____

10 しろい ねこが 4ひき, ちゃいろい ねこが 8ひき います。ねこは あわせて なんびき いますか。〔10てん〕

こたえ _____

11 みかんが ざるに 9こ, さらに 6こ あります。みかんは あわせて なんこ ありますか。〔10てん〕

こたえ _____

たしざんと ひきざん㉓

1 じどうしゃが 6だい とまって います。5だい くると, ぜんぶで なんだいに なりますか。〔5てん〕

しき 6 + 5 = ☐   こたえ ☐ だい

2 えんぴつを 8ほん もって います。4ほん もらうと, ぜんぶで なんぼんに なりますか。〔5てん〕

しき 8 + 4 =   こたえ ほん

3 いぬが 7ひき います。4ひき ふえると, なんびきに なりますか。〔9てん〕

しき

こたえ

4 こどもが 9にん あそんで います。3にん くると, ぜんぶで なんにんに なりますか。〔9てん〕

しき

こたえ

5 いろがみを 6まい もって います。7まい もらうと, いろがみは なんまいに なりますか。〔9てん〕

しき

こたえ

6 ひよこが 7わ います。きょう 5わ うまれました。ひよこは ぜんぶで なんわに なりましたか。〔9てん〕

しき

こたえ

7 はとが 5わ えさを たべて います。8わ くると, ぜんぶで なんわに なりますか。〔9てん〕

しき

こたえ _____

8 あひるが いけに 9わ います。6わ くると, ぜんぶで なんわに なりますか。〔9てん〕

しき

こたえ _____

9 おはじきを 8こ もって います。おねえさんから 5こ もらいました。おはじきは ぜんぶで なんこに なりましたか。〔9てん〕

しき

こたえ _____

10 たまごが 5こ あります。きょう 6こ かって きました。たまごは ぜんぶで なんこに なりましたか。〔9てん〕

しき

こたえ _____

11 ちゅうしゃじょうに くるまが 3だい とまって います。8だい くると, くるまは ぜんぶで なんだいに なりますか。〔9てん〕

しき

こたえ _____

12 こうえんで こどもが 4にん あそんで います。7にん くると, こどもは ぜんぶで なんにんに なりますか。〔9てん〕

しき

こたえ _____

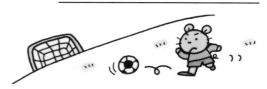

1 がようしが 12まい あります。3まい つかうと, のこり
は なんまいですか。〔5てん〕

しき 12 − 3 = ☐　　　こたえ ☐ まい

2 つばめが でんせんに 11わ とまって います。4わ
とんで いくと, のこりは なんわですか。〔5てん〕

しき 11 − 4 =　　　こたえ _____ わ

3 みかんが 14こ あります。6こ たべると, のこりは
なんこですか。〔10てん〕

しき

こたえ _____

4 いろがみが 16まい あります。ふねを おるのに 7まい
つかいました。いろがみは なんまい のこって いますか。

〔10てん〕

しき

こたえ _____

5 ちゅうしゃじょうに じどうしゃが 12だい とまって
います。8だい でて いきました。じどうしゃは なんだい
のこって いますか。〔10てん〕

しき

こたえ _____

6 せんべいが 15まい あります。きょう 6まい たべまし
た。せんべいは なんまい のこって いますか。〔10てん〕

しき

こたえ _____

7 かきが 18こ きに なって います。きょう 9こ とり
ました。かきは なんこ のこって いますか。〔10てん〕

こたえ _____

8 はとが 16わ えさを たべて います。8わ とんで
いきました。えさを たべて いる はとは なんわに なりま
したか。〔10てん〕

こたえ _____

9 いけで あひるが 14わ あそんで います。5わ でて
いきました。いけの あひるは なんわに なりましたか。

〔10てん〕

しき

こたえ _____

10 こうえんで こどもが 17にん あそんで います。そのう
ち 9にんが かえりました。こうえんで あそんで いる
こどもは なんにんに なりましたか。〔10てん〕

しき

こたえ _____

11 でんしゃに おきゃくさんが 12にん のって います。え
きで 5にん おりました。でんしゃの おきゃくさんは なん
にんに なりましたか。〔10てん〕

しき

こたえ _____

たしざんと ひきざん㉕

1 あかい はなが 11ぽん, しろい はなが 6ぽん さいて います。ちがいは なんぼんですか。〔5てん〕

しき 11－6＝ □   こたえ □ほん

2 いぬが 8ひき, ねこが 12ひき います。ちがいは なんびきですか。〔5てん〕

しき 12－8＝   こたえ   ひき

3 りんごが 15こ, みかんが 7こ あります。ちがいは なんこですか。〔10てん〕

しき

こたえ

4 こうえんで おとなが 13にん, こどもが 9にん あそんで います。ちがいは なんにんですか。〔10てん〕

しき

こたえ

5 いけに きんぎょが 7ひき, こいが 11ぴき います。ちがいは なんびきですか。〔10てん〕

しき

こたえ

6 おはじきを こはるさんは 9こ, おねえさんは 14こ もって います。ちがいは なんこですか。〔10てん〕

しき

こたえ

7 きんぎょが 5ひき, めだかが 12ひき います。きんぎょ と めだかの ちがいは なんびきですか。〔10てん〕

こたえ _____

8 はとが 15わ, すずめが 7わ えさを たべて います。ちがいは なんわですか。〔10てん〕

こたえ _____

9 いろがみを しおりさんは 8まい, おにいさんは 15まい もって います。ふたりの もって いる いろがみの ちがい は なんまいですか。〔10てん〕

こたえ _____

10 さかなつりで たくみさんは 6ぴき, おとうさんは 13び き つりました。ふたりの つった さかなの ちがいは なん びきですか。〔10てん〕

こたえ _____

11 くりを ひなたさんは 16こ, ゆうきさんは 9こ ひろい ました。ふたりの ひろった くりの ちがいは なんこですか。

〔10てん〕

こたえ _____

たしざんと ひきざん㉖

1 みかんが かごに 8こ，さらに 4こ あります。みかんは あわせて なんこ ありますか。〔8てん〕

こたえ _____

2 みかんが 8こ，りんごが 11こ あります。みかんと りんごの ちがいは なんこですか。〔8てん〕

しき

こたえ _____

3 こうえんに おとなが 7にん，こどもが 6にん います。 みんなで なんにん いますか。〔8てん〕

しき

こたえ _____

4 こうえんに こどもが 12にん，おとなが 5にん います。 こどもと おとなの ちがいは なんにんですか。〔8てん〕

しき

こたえ _____

5 いぬが 9ひき，ねこが 11ぴき います。いぬは ねこより なんびき すくないでしょうか。〔8てん〕

しき

こたえ _____

6 にわとりが こやの なかに 5わ，こやの そとに 8わ います。にわとりは あわせて なんわ いますか。〔8てん〕

しき

こたえ _____

7 あかい おはじきが 14こ, あおい おはじきが 5こ あります。おはじきの かずの ちがいは なんこですか。〔8てん〕

しき

こたえ _____

8 あおい ふうせんが 4つ, しろい ふうせんが 9つ あります。ふうせんは ぜんぶで いくつ ありますか。〔8てん〕

しき

こたえ _____

9 くりを みゆさんは 16こ, おとうとは 5こ ひろいました。みゆさんは おとうとより なんこ おおく ひろいましたか。〔8てん〕

しき

こたえ _____

10 さかなつりで はるとさんは 7ひき, おとうさんは 9ひき つりました。つった さかなは あわせて なんびきですか。〔8てん〕

しき

こたえ _____

11 あかい いろがみが 12まい, あおい いろがみが 3まい あります。いろがみは ぜんぶで なんまい ありますか。〔10てん〕

しき

こたえ _____

12 えんぴつを かのんさんは 5ほん, おねえさんは 12ほん もって います。ふたりの もって いる えんぴつの ちがいは なんぼんですか。〔10てん〕

しき

こたえ _____

1 いろがみが 15まい あります。つるを おるのに 7まい つかいました。いろがみは なんまい のこって いますか。

〔8てん〕

 しき

こたえ _____

2 いろがみを 7まい もって います。おかあさんから 5まい もらいました。いろがみは ぜんぶで なんまいに なりましたか。〔8てん〕

しき

こたえ _____

3 はとが 12わ えさを たべて います。3わ とんで いきました。はとは なんわ のこって いますか。〔8てん〕

しき

こたえ _____

4 はとが 8わ えさを たべて います。3わ とんで きました。はとは ぜんぶで なんわに なりましたか。〔8てん〕

しき

こたえ _____

5 りんごが 11こ あります。きょう 4こ かって きました。りんごは みんなで なんこに なりましたか。〔8てん〕

しき

こたえ _____

6 みかんが 16こ あります。きょう 4こ たべました。
みかんは なんこ のこって いますか。〔10てん〕

しき

こたえ _____

7 こうえんで こどもが 14にん あそんで います。5にん
かえりました。こどもは なんにん のこって いますか。

〔10てん〕

しき

こたえ _____

8 えんぴつを 6ぽん もって います。おとうさんから 5ほ
ん もらいました。えんぴつは なんぼんに なりましたか。

〔10てん〕

しき

こたえ _____

9 えんぴつが 12ほん あります。8ほん けずって ありま
す。けずって いない えんぴつは なんぼんですか。〔10てん〕

しき

こたえ _____

10 いけに あかい きんぎょと くろい きんぎょが 15ひき
います。あかい きんぎょは 6ぴきです。くろい きんぎょは
なんびきですか。〔10てん〕

しき

こたえ _____

11 くるまが 7だい とまって います。6だい きました。
くるまは ぜんぶで なんだいに なりましたか。〔10てん〕

しき

こたえ _____

1 りんごが かごに 5こ, さらに 3こ あります。りんごは あわせて なんこ ありますか。〔8てん〕

しき

こたえ _____

2 りんごが 9こ, なしが 6こ あります。りんごと なしの ちがいは なんこですか。〔8てん〕

しき

こたえ _____

3 おはじきを 11こ もって います。いもうとに 5こ あげました。おはじきは なんこに なりましたか。〔8てん〕

しき

こたえ _____

4 おはじきを 7こ もって います。おねえさんから 5こ もらいました。おはじきは なんこに なりましたか。〔8てん〕

しき

こたえ _____

5 しろい はなが 12ほん, あかい はなが 5ほん さいて います。はなは ぜんぶで なんぼん さいて いますか。

〔8てん〕

しき

こたえ _____

6 くりを みなとさんは 15こ, いもうとは 7こ ひろいま した。みなとさんは いもうとより なんこ おおく ひろいま したか。〔10てん〕

しき

こたえ _____

7 バスに おきゃくさんが 9にん のって います。ていりゅうじょで 3にん のって きました。おきゃくさんは ぜんぶで なんにんに なりましたか。〔10てん〕

しき

こたえ _____

8 いろがみが 8まい あります。ふねを おるのに 4まい つかいました。いろがみは なんまい のこって いますか。

〔10てん〕

しき

こたえ _____

9 こうえんに 14にん います。おとなは 6にんです。こどもは なんにん いますか。

〔10てん〕

しき

こたえ _____

10 でんせんに すずめが 10ぱ とまって います。3わ とんで いきました。すずめは なんわ のこって いますか。

〔10てん〕

しき

こたえ _____

11 すいそうに きんぎょが 7ひき います。きょう 5ひき いれました。きんぎょは なんびきに なりましたか。〔10てん〕

しき

こたえ _____

たしざんと ひきざん㉙

1 すなばで こどもが 11にん あそんで います。そのうち 4にんが かえりました。こどもは なんにん のこって います か。〔10てん〕

しき

こたえ _____

2 きってを 8まい もって います。おねえさんから 6まい もらいました。きっては ぜんぶで なんまいに なりました か。〔10てん〕

しき

こたえ _____

3 かだんに しろい はなが 7ほん, あかい はなが 13ぼ ん さいて います。はなの かずの ちがいは なんぼんです か。〔10てん〕

しき

こたえ _____

4 こうえんに こどもが 6にん, おとなが 5にん います。 みんなで なんにん いますか。

〔10てん〕

しき

こたえ _____

5 なわとびで ももかさんは 12かい, いもうとは 8かい とびました。ももかさんは いもうとより なんかい おおく とびましたか。〔10てん〕

しき

こたえ _____

6 バスに おきゃくさんが 9にん のって います。ていりゅうじょで 4にん のって きました。おきゃくさんは ぜんぶで なんにんに なりましたか。〔10てん〕

しき

こたえ _____

7 あいりさんは おはじきを 15こ もって います。いもうとに 8こ あげました。あいりさんの おはじきは なんこに なりましたか。〔10てん〕

しき

こたえ _____

8 こうていに 14にん います。そのうち せんせいは 5にんです。こどもは なんにんですか。〔10てん〕

しき

こたえ _____

9 あおい おはじきが 7こ, あかい おはじきが 11こ あります。あおい おはじきは あかい おはじきより なんこ すくないでしょうか。〔10てん〕

しき

こたえ _____

10 いけに あかい きんぎょが 6ぴき, くろい きんぎょも 6ぴき います。きんぎょは ぜんぶで なんびき いますか。

〔10てん〕

しき

こたえ _____

30

たしざんと ひきざん ㉚

1 こうえんに こどもが 12にん, おとなが 7にん います。こどもは おとなより なんにん おおいでしょうか。〔10てん〕

しき

こたえ _____

2 こうえんで はとが 6わ えさを たべて います。そこへ 4わ やって きました。はとは ぜんぶで なんわに なりましたか。〔10てん〕

しき

こたえ _____

3 えんぴつが 14ほん あります。5ほん けずって あります。けずって いない えんぴつは なんぼん ありますか。

〔10てん〕

しき

こたえ _____

4 バスに おきゃくさんが 17にん のって います。ていりゅうじょで 9にん おりました。バスの おきゃくさんは なんにんに なりましたか。〔10てん〕

しき

こたえ _____

5 あかい いろがみが 8まい, あおい いろがみが 11まい あります。あかい いろがみは あおい いろがみより なんまい すくないでしょうか。〔10てん〕

しき

こたえ _____

6 さかなつりに いきました。ゆうまさんは 6ぴき, おとうさんは 11ぴき つりました。ふたりの つった さかなは あわせて なんびきですか。〔10てん〕

しき

こたえ _____

7 たまごが 12こ ありました。きょう りょうりで 7こ つかいました。たまごは なんこ のこって いますか。〔10てん〕

しき

こたえ _____

8 いけに きんぎょが 9ひき います。きょう 4ひき いれました。いけの きんぎょは なんびきに なりましたか。

〔10てん〕

しき

こたえ _____

9 うさぎが こやの なかに 5ひき, こやの そとに 6ぴき います。うさぎは みんなで なんびき いますか。〔10てん〕

しき

こたえ _____

10 あかい ふうせんが 8つ, しろい ふうせんが 13 あります。あかい ふうせんと しろい ふうせんの かずの ちがいは いくつですか。〔10てん〕

しき

こたえ _____

ひとやすみ

◆ かずならべ

□は, よこの 2つの かずを たした かずです。□に かずを かいて, □に かいた かずで, いちばん おおきい かずから いちばん ちいさい かずを ひいた こたえを もとめましょう。

2	4	
1	3	
3	6	

（こたえは べっさつの 20ページ）

31

0の　たしざんと　ひきざん①

1 たまいれを　しました。1かいめに　3こ　はいり，2かいめ
は　はいりませんでした。はいった　たまの　かずは　ぜんぶで
なんこですか。〔10てん〕

1かいめ　　　　　　　　　　　　　　2かいめ

しき 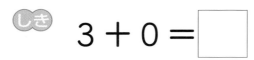 3＋0＝[　]　　　　　こたえ [　]こ

2 みかんが　5こ　のって　いる　さらと，からの　さらが
あります。みかんは　ぜんぶで　なんこ　ありますか。〔10てん〕

しき  5＋0＝　　　　　　こたえ　　　　　　こ

3 わなげを　しました。1かいめに　4こ　はいり，2かいめは
はいりませんでした。はいった　わの　かずは　ぜんぶで　なん
こですか。〔10てん〕

しき

こたえ

4 りんごが　2こ　のって　いる　さらと，からの　さらが
あります。りんごは　ぜんぶで　なんこ　ありますか。〔10てん〕

しき

こたえ

5 きのう　なしを　3こ　たべました。きょうは　たべませんで
した。たべた　なしは　ぜんぶで　なんこですか。〔10てん〕

しき

こたえ

6 わなげを しました。1かいめは はいりませんでした。2か いめは 3こ はいりました。はいった わの かずは ぜんぶ で なんこですか。〔10てん〕

しき　0 + 3 =

こたえ _____

7 ももが はいって いない かごと, 6こ はいって いる かごが あります。ももは ぜんぶで なんこ ありますか。

〔10てん〕

しき

こたえ _____

8 きのうは かきを たべませんでした。きょうは 5こ たべ ました。たべた かきは ぜんぶで なんこですか。〔10てん〕

しき

こたえ _____

9 たまいれを しました。1かいめは はいりませんでした。 2かいめは 4こ はいりました。はいった たまの かずは ぜんぶで なんこですか。〔10てん〕

しき

こたえ _____

10 いちごが のって いない さらと, 9こ のって いる さらが あります。いちごは ぜんぶで なんこ ありますか。

〔10てん〕

しき

こたえ _____

とくてん

てん

こた
答え ▶ 別冊解答
12 ページ

1 たまいれを しました。1かいめに 3こ はいり，2かいめ
は はいりませんでした。1かいめと 2かいめに はいった
たまの かずの ちがいは なんこですか。〔5てん〕

しき 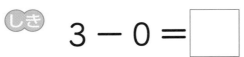 3 － 0 ＝ ⬜　　　　こたえ ⬜ こ

2 いろがみを 6まい もって います。きょうは 1まいも
つかいませんでした。いろがみは なんまい のこって います
か。〔5てん〕

しき 6 － 0 ＝ 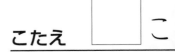　　こたえ 　　まい

3 わなげを しました。かほさんは 5こ はいりました。ゆう
なさんは 1こも はいりませんでした。ふたりの はいった
わの かずの ちがいは なんこですか。〔10てん〕

しき 　　　　こたえ

4 たまごが 4こ あります。きょうは 1こも たべませんで
した。たまごは なんこ のこって いますか。〔10てん〕

しき 　　　　こたえ

5 がようしが 8まい あります。きょうは 1まいも つかい
ませんでした。がようしは なんまい のこって います。

〔10てん〕

しき

こたえ

6 わなげを　しました。あさひさんは　3こ　はいりました。
かんなさんも　3こ　はいりました。はいった　わの　かずの
ちがいは　なんこですか。〔10てん〕

しき　3 − 3 ＝

こたえ _____

7 とんぼが　5ひき，ちょうが　5ひき　とんで　います。とん
ぼと　ちょうの　かずの　ちがいは　なんびきですか。〔10てん〕

しき

こたえ _____

8 たまいれを　しました。りこさんは　4こ　はいりました。
さくらさんも　4こ　はいりました。はいった　たまの　かずの
ちがいは　なんこですか。〔10てん〕

しき

こたえ _____

9 すずめが　8わ，つばめが　8わ　います。すずめと　つばめ
の　かずの　ちがいは　なんわですか。〔10てん〕

しき

こたえ _____

10 りんごが　3こ　ありました。きょう　3こ　たべると，のこ
りは　なんこですか。〔10てん〕

しき

こたえ _____

11 はとが　6わ　いました。6わ　とんで　いくと，のこりは
なんわですか。〔10てん〕

しき

こたえ _____

1 わなげを しました。しょうまさんは 4こ はいりました。くみさんは はいりませんでした。ふたりの はいった わの かずは あわせて なんこですか。〔8てん〕

しき

こたえ _____

2 わなげを しました。つむぎさんは 5こ はいりました。みつきさんは はいりませんでした。ふたりの はいった わの かずの ちがいは なんこですか。〔8てん〕

しき

こたえ _____

3 たまいれを しました。えいたさんは 6こ はいりました。いちかさんも 6こ はいりました。ふたりの はいった たまの かずの ちがいは なんこですか。〔8てん〕

しき

こたえ _____

4 たまいれを しました。ひかりさんは はいりませんでした。かいとさんは 3こ はいりました。ふたりの はいった たまの かずは あわせて なんこですか。〔8てん〕

しき

こたえ _____

5 こうえんに はとが 7わ いました。7わ とんで いくと, のこりは なんわですか。〔8てん〕

しき

こたえ _____

6 みかんが 5こ ありました。きょうは たべませんでした。みかんは なんこ のこって いますか。〔10てん〕

しき

こたえ _____

7 なしが 4こ はいった かごと, はいって いない かごが あります。なしは ぜんぶで なんこ ありますか。〔10てん〕

しき

こたえ _____

8 たまごが 9こ ありました。きょう 9こ たべると, のこりは なんこですか。〔10てん〕

しき

こたえ _____

9 きんぎょが はいって いない すいそうと, 3びき はいって いる すいそうが あります。きんぎょは ぜんぶで なんびき いますか。〔10てん〕

しき

こたえ _____

10 いろがみが 8まい ありました。きょうは 1まいも つかいませんでした。いろがみは なんまい のこって いますか。

〔10てん〕

しき

こたえ _____

11 まとあてを しました。あんなさんは 5こ あてました。だいちさんも 5こ あてました。ふたりの あてた かずの ちがいは なんこですか。〔10てん〕

しき

こたえ _____

3つの かずの けいさん①

答え▶ 別冊解答 13ページ

1 バスに おきゃくさんが 3にん のって いました。はじめ の ていりゅうじょで 4にん のりました。つぎの ていりゅうじょで ふたり のりました。のって いる おきゃくさんは なんにんに なりましたか。〔8てん〕

はじめに のった　　　　　　つぎに のった

しき　3＋4＋2＝ □　　こたえ □ にん

2 はとが 4わ えさを たべて いました。そこへ 2わ とんで きました。その あと 1わ とんで きました。はとは なんわに なりましたか。〔8てん〕

しき　4＋2＋1＝　　こたえ 　　　　わ

3 バスに おきゃくさんが 3にん のって いました。はじめ の ていりゅうじょで ふたり のりました。つぎの ていりゅうじょで 3にん のりました。のって いる おきゃくさんは なんにんに なりましたか。〔12てん〕

しき

こたえ

4 こうえんで こどもが 5にん あそんで いました。そこへ ふたり きました。その あと ひとり きました。こどもは なんにんに なりましたか。〔12てん〕

しき

こたえ

5 ちゅうしゃじょうに じどうしゃが 2だい とまって いました。そこへ 4だい きました。その あと 3だい きました。じどうしゃは なんだいに なりましたか。〔12てん〕

しき

こたえ

6 あひるが 5わ あそんで いました。あとから 3わ きました。また，2わ きました。あひるは なんわに なりましたか。〔12てん〕

しき

こたえ

7 ふねが みなとに 6そう とまって いました。そこへ 2そう やって きました。その あと 1そう やって きました。ふねは ぜんぶで なんそうに なりましたか。〔12てん〕

しき

こたえ

8 こうえんで こどもが 3にん あそんで いました。そこへ 5にん きました。また，ひとり きました。こどもは ぜんぶで なんにんに なりましたか。〔12てん〕

しき

こたえ

9 こはるさんは いろがみを 4まい もって いました。おかあさんから 2まい もらいました。その あと おねえさんから 4まい もらいました。いろがみは なんまいに なりましたか。〔12てん〕

しき

こたえ

35 3つの かずの けいさん②

1 バスに おきゃくさんが 9にん のって いました。はじめの ていりゅうじょで 3にん おりました。つぎの ていりゅうじょで ふたり おりました。のって いる おきゃくさんは なんにんに なりましたか。〔8てん〕

はじめに おりた　つぎに おりた

しき 9－3－2＝□　　**こたえ** □にん

2 はとが 8わ えさを たべて いました。2わ とんで いきました。また, 4わ とんで いきました。はとは なんわに なりましたか。〔8てん〕

しき 8－2－4＝　　**こたえ** わ

3 バスに おきゃくさんが 8にん のって いました。はじめの ていりゅうじょで 4にん おりました。つぎの ていりゅうじょで ひとり おりました。のって いる おきゃくさんは なんにんに なりましたか。〔12てん〕

しき

こたえ

4 こうえんで こどもが 10にん あそんで いました。4にん かえりました。その あと 3にん かえりました。こどもは なんにんに なりましたか。〔12てん〕

しき

こたえ

5 ちゅうしゃじょうに じどうしゃが 9だい とまって いました。5だい でて いきました。その あと 2だい でて いきました。とまって いる じどうしゃは なんだいに なりましたか。〔12てん〕

(しき)

こたえ _____

6 いけで あひるが 10ぱ およいで いました。6わ いけ から でて いきました。その あと 2わ でて いきました。いけの あひるは なんわに なりましたか。〔12てん〕

(しき)

こたえ _____

7 ふねが みなとに 7そう とまって いました。1そうが みなとから でて いきました。その あと 3そう でて いきました。とまって いる ふねは なんそうに なりましたか。

〔12てん〕

(しき)

こたえ _____

8 こうえんで こどもが 8にん あそんで いました。3にん かえりました。その あと ふたり かえりました。こどもは なんにんに なりましたか。〔12てん〕

(しき)

こたえ _____

9 めいさんは おはじきを 10こ もって いました。そのうち 2こを おとうとに あげました。また, いもうとに 3こ あげました。おはじきは なんこ のこって いますか。

〔12てん〕

(しき)

こたえ _____

36

3つの かずの けいさん③

1 はとが 6わ えさを たべて いました。はじめに 2わ とんで いきました。つぎに 3わ やって きました。はとは なんわに なりましたか。〔8てん〕

とんで いった

やって きた

しき $6 - 2 + 3 =$ 　　　　　　こたえ 　　わ

2 あめが 9こ ありました。いもうとに 5こ あげました。つぎに おねえさんから 3こ もらいました。あめは なんこ に なりましたか。〔8てん〕

しき $9 - 5 + 3 =$ 　　　　　こたえ 　　こ

3 はとが 8わ えさを たべて いました。はじめに 3わ とんで いきました。つぎに 4わ やって きました。はとは なんわに なりましたか。〔12てん〕

しき

　　　　　　こたえ

4 バスに おきゃくさんが 7にん のって いました。はじめ の ていりゅうじょで 4にん おりました。つぎの ていりゅうじょで ふたり のって きました。のって いる おきゃく さんは なんにんに なりましたか。〔12てん〕

しき

　　　　　　こたえ

5 こうえんで こどもが 6にん あそんで いました。3にん かえりました。つぎに 5にん やって きました。こどもは なんにんに なりましたか。〔12てん〕

しき

こたえ _____

6 にわとりが こやの なかに 8わ いました。そのうち 4わが こやの そとに でて いきました。すこし すると, 2わが かえって きました。こやの なかの にわとりは なんわに なりましたか。〔12てん〕

しき

こたえ _____

7 さるが きの うえに 10ぴき いました。6ぴき おりました。そのうち また 3びきが のぼりました。きの うえに いる さるは なんびきに なりましたか。〔12てん〕

しき

こたえ _____

8 ふねが みなとに 9そう とまって いました。そのうち 4そうが みなとから でて いき, 2そうが みなとへ かえって きました。みなとに とまって いる ふねは なんそうに なりましたか。〔12てん〕

しき

こたえ _____

9 バスに おきゃくさんが 10にん のって いました。ていりゅうじょで 5にん おりて, 4にん のって きました。のって いる おきゃくさんは なんにんに なりましたか。

〔12てん〕

しき

こたえ _____

37

3つの かずの けいさん④

1 りんごが 5こ ありました。きょう となりの いえから 2こ もらいました。そして，3こ たべました。りんごは なんこ のこって いますか。〔8てん〕

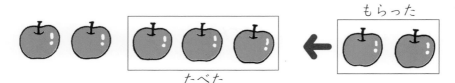

もらった

たべた

しき 5＋2－3＝□　　　こたえ □こ

2 バスに おきゃくさんが 6にん のって いました。はじめ の ていりゅうじょで 3にん のって きました。つぎの て いりゅうじょで 5にん おりました。のって いる おきゃく さんは なんにんに なりましたか。〔8てん〕

しき 6＋3－5＝　　　こたえ　　　にん

3 りんごが 4こ ありました。きょう となりの いえから 2こ もらいました。そして，1こ たべました。りんごは なんこ のこって いますか。〔12てん〕

しき

こたえ

4 ひまりさんは いろがみを 3まい もって いました。きょ う おかあさんから 4まい もらい，5まい つかいました。 いろがみは なんまい のこって いますか。〔12てん〕

しき

こたえ

5 はとが 7わ えさを たべて いました。そこへ 2わ とんで きました。つぎに 4わ とんで いきました。はとは なんわに なりましたか。〔12てん〕

（しき）

こたえ _____

6 あおいさんは あめを 5こ もって いました。きょう おねえさんから 3こ もらいました。そして，4こ たべました。あめは なんこ のこって いますか。〔12てん〕

（しき）

こたえ _____

7 ねこが 4ひき あそんで いました。そこへ 6ぴき きました。そのうち 3びきが いって しまいました。あそんで いる ねこは なんびきに なりましたか。〔12てん〕

（しき）

こたえ _____

8 みなとに ふねが 8そう とまって いました。そこへ 2そうの ふねが きました。そして，5そうが でて いきました。みなとの ふねは なんそうに なりましたか。〔12てん〕

（しき）

こたえ _____

9 バスに おきゃくさんが 3にん のって いました。はじめの ていりゅうじょで 4にん のって きました。つぎの ていりゅうじょで 3にん おりました。のって いる おきゃくさんは なんにんに なりましたか。〔12てん〕

（しき）

こたえ _____

38

3つの かずの けいさん⑤

1 みかんが 7こ ありました。きょう はじめに 2こ たべました。その あとで 3こ たべました。みかんは なんこ のこって いますか。〔10てん〕

しき

こたえ

2 いろはさんは いろがみを 5まい もって いました。きょう おかあさんから 4まい もらい，つるを おるのに 2まい つかいました。いろがみは なんまい のこって いますか。〔10てん〕

しき

こたえ

3 こうえんで こどもが 3にん あそんで いました。そこへ 4にん きました。その あと ふたり きました。こどもは なんにんに なりましたか。〔10てん〕

しき

こたえ

4 すずめが 8わ えさを たべて いました。はじめに 4わ とんで いきました。つぎに 2わ とんで きました。すずめは なんわに なりましたか。〔10てん〕

しき

こたえ

5 バスに おきゃくさんが 10にん のって いました。ていりゅうじょで 5にん おりて，ひとり のって きました。のって いる おきゃくさんは なんにんに なりましたか。

〔10てん〕

しき

こたえ

6 たぬきが 4ひき あそんで いました。そこへ 6ぴき
きました。そのうち 3びきが かえって いきました。あそん
でいる たぬきは なんびきに なりましたか。〔10てん〕

しき

こたえ _____

7 ゆづきさんは おはじきを 5こ もって いました。きょう
おかあさんから 2こ もらいました。その あとで おねえさ
んから 3こ もらいました。おはじきは なんこに なりまし
たか。〔10てん〕

しき

こたえ _____

8 いけで あひるが 8わ およいで いました。2わ いけか
ら でて いきました。その あと 4わ いけから でて
いきました。いけで およいで いる あひるは なんわに
なりましたか。〔10てん〕

しき

こたえ _____

9 ひろとさんは おかしを 3こ もって いました。きょう
おかあさんから 4こ もらい, 5こ たべました。のこった
おかしは なんこに なりましたか。〔10てん〕

しき

こたえ _____

10 バスに おきゃくさんが 9にん のって いました。てい
りゅうじょで 6にん おりて, 5にん のって きました。
のって いる おきゃくさんは なんにんに なりましたか。

〔10てん〕

しき

こたえ _____

39

おおきな かずの たしざんと ひきざん①

1 けずった えんぴつが 20ぽん，まだ けずって いない えんぴつが 30ぽん あります。あわせて なんぼん あります か。〔5てん〕

しき 20＋30＝ □ こたえ □ ぽん

2 いろがみを 40まい もって います。おねえさんから 10まい もらいました。ぜんぶで なんまいに なりましたか。

〔10てん〕

しき

こたえ _____

3 あかい ふうせんが 50，あおい ふうせんが 30 あります。あわせて いくつ ありますか。〔10てん〕

しき

こたえ _____

4 きんぎょが 70ぴき，めだかが 20ぴき います。ぜんぶで なんびき いますか。〔10てん〕

しき

こたえ _____

5 80えんの えんぴつと 20えんの おかしを かいました。ぜんぶで いくらに なりますか。〔10てん〕

しき

こたえ _____

6 おはじきを 23こ もって います。5こ もらうと なん こに なりますか。〔5てん〕

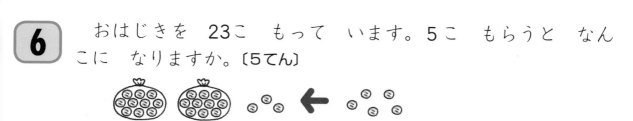

しき 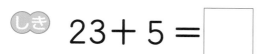 23＋5＝ [ ]

こたえ [ ] こ

7 りんごが 32こ あります。きょう, となりの いえから 6こ もらいました。りんごは ぜんぶで なんこに なりまし たか。〔10てん〕

しき

こたえ _____

8 でんしゃに おきゃくさんが 50にん のって います。 つぎの えきで, 30にん のって きました。おきゃくさんは ぜんぶで なんにんに なりましたか。〔10てん〕

しき

こたえ _____

9 どんぐりを そうまさんは 30こ, おとうとは 40こ ひろ いました。みんなで なんこ ひろいましたか。〔10てん〕

しき

こたえ _____

10 こうえんで はとが 22わ えさを たべて います。そこ へ 5わ とんで きました。はとは あわせて なんわに なりましたか。〔10てん〕

しき

こたえ _____

11 あひるが いけの なかに 31わ, いけの そとに 7わ います。あひるは ぜんぶで なんわ いますか。〔10てん〕

しき

こたえ _____

40

おおきな かずの たしざんと ひきざん②

1 あたらしい えんぴつが 50ぽん あります。そのうち 20ぽん けずりました。あたらしい えんぴつは なんぼん のこって いますか。〔5てん〕

けずった

 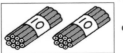

しき　50−20=☐　　こたえ ☐ ぽん

2 わたしは いろがみを 40まい もって います。いもうと は 30まい もって います。いもうとは わたしより なん まい すくないですか。〔10てん〕

しき

こたえ _____

3 だいこんが 70ぽん, にんじんが 20ぽん あります。にん じんは だいこんより なんぼん すくないですか。〔10てん〕

しき

こたえ _____

4 すずめが 60ぱ います。そのうち 40ぱ とんで いきま した。すずめは なんわ のこって いますか。〔10てん〕

しき

こたえ _____

5 100えんを もって, ゆうびんきょくに 80えんの きって を かいに いきました。おつりは いくらですか。〔10てん〕

しき

こたえ _____

6 おはじきを 37こ もって いました。いもうとに 6こ あげました。おはじきは なんこ のこって いますか。〔5てん〕

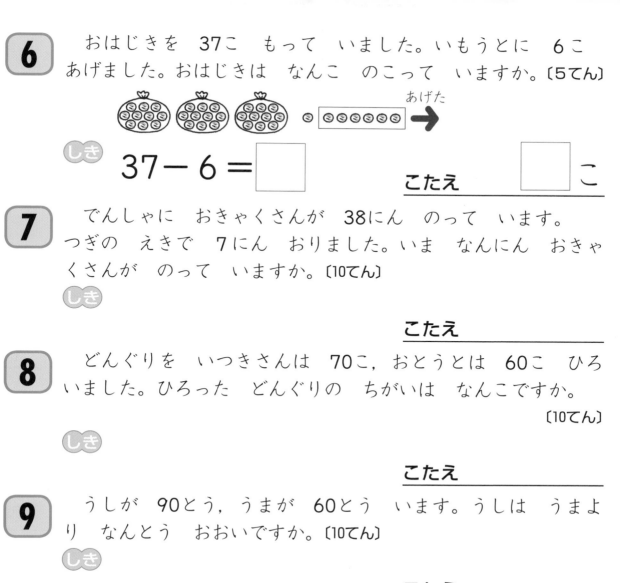

あげた

しき $37 - 6 =$ ☐　　　**こたえ** ☐ こ

7 でんしゃに おきゃくさんが 38にん のって います。つぎの えきで 7にん おりました。いま なんにん おきゃくさんが のって いますか。〔10てん〕

しき

こたえ ＿＿＿＿＿＿＿＿

8 どんぐりを いつきさんは 70こ, おとうとは 60こ ひろいました。ひろった どんぐりの ちがいは なんこですか。

〔10てん〕

しき

こたえ ＿＿＿＿＿＿＿＿

9 うしが 90とう, うまが 60とう います。うしは うまより なんとう おおいですか。〔10てん〕

しき

こたえ ＿＿＿＿＿＿＿＿

10 そとに はなが 49ほん さいて います。そのうち 9ほん を きって かびんに さしました。そとに さいて いる はなは なんぼんに なりましたか。〔10てん〕

しき

こたえ ＿＿＿＿＿＿＿＿

11 はがきが 60まい あります。きょう 20まい つかいました。はがきは なんまい のこって いますか。〔10てん〕

しき

こたえ ＿＿＿＿＿＿＿＿

とくてん

てん

答え 別冊解答
15 ページ

1 4にんの こどもが ひとりがけの いすに ひとりずつ すわって います。いすは まだ 3きゃく あまって います。いすは ぜんぶで なんきゃく ありますか。〔8てん〕

しき 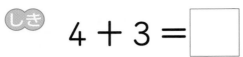 4 ＋ 3 ＝ □ こたえ □ きゃく

2 7にんの こどもに みかんを 1こずつ くばりました。みかんは まだ 4こ のこって います。みかんは ぜんぶで なんこ ありましたか。〔8てん〕

しき  7 ＋ 4 ＝ こたえ ___ こ

3 8にんの こどもが ひとりがけの いすに ひとりずつ すわって います。いすは まだ 2きゃく あまって います。いすは ぜんぶで なんきゃく ありますか。〔12てん〕

しき

こたえ ___

4 6にんの こどもに いろがみを 1まいずつ くばりました。いろがみは まだ 3まい のこって います。いろがみは ぜんぶで なんまい ありましたか。〔12てん〕

しき

こたえ ___

5 しゃしんを とりました。ひとりがけの いす 7きゃくに ひとりずつ すわり，うしろに 9にん たちました。なんにんで しゃしんを とりましたか。〔12てん〕

（しき）

こたえ ＿＿＿＿＿＿＿＿＿＿＿

6 ひとりがけの いす 8きゃくに ひとりずつ すわりました。まだ すわれない こどもが 4にん います。こどもは ぜんぶで なんにん いますか。〔12てん〕

（しき）

こたえ ＿＿＿＿＿＿＿＿＿＿＿

7 6にんの こどもが ひとりがけの いすに ひとりずつ すわって います。いすは まだ 5きゃく あまって います。いすは ぜんぶで なんきゃく ありますか。〔12てん〕

（しき）

こたえ ＿＿＿＿＿＿＿＿＿＿＿

8 4にんの こどもが おかしを 1こずつ もらいました。おかしは まだ 4こ のこって います。おかしは ぜんぶで なんこ ありましたか。〔12てん〕

（しき）

こたえ ＿＿＿＿＿＿＿＿＿＿＿

9 8にんの こどもに えんぴつを 1ぽんずつ くばりました。えんぴつは まだ 6ぽん のこって います。えんぴつは ぜんぶで なんぼん ありましたか。〔12てん〕

（しき）

こたえ ＿＿＿＿＿＿＿＿＿＿＿

1 いろがみを ひとりに 1まいずつ くばります。おとなが 3にん, こどもが 5にん います。いろがみは ぜんぶで なんまい あれば よいでしょうか。〔8てん〕

しき   3＋5＝ □   こたえ □ まい

2 えんぴつを ひとりに 1ぽんずつ くばります。おとなが 6にん, こどもが 4にん います。えんぴつは ぜんぶで なんぼん あれば よいでしょうか。〔8てん〕

しき   6＋4＝   こたえ ＿＿＿＿ ぽん

3 がようしを ひとりに 1まいずつ くばります。おとなが 5にん, こどもが 7にん います。がようしは ぜんぶで なんまい あれば よいでしょうか。〔12てん〕

しき

こたえ ＿＿＿＿＿

4 りんごが 4こ, なしが 3こ あります。1こずつ 1まいの かみで つつみます。かみは ぜんぶで なんまい あれば よいでしょうか。〔12てん〕

しき

こたえ ＿＿＿＿＿

5 じてんしゃ 1だいに ひとりずつ のります。おとなが 6にん, こどもが 7にん います。じてんしゃは なんだい あれば よいでしょうか。〔12てん〕

しき

こたえ _____

6 いす 1きゃくに ひとりずつ すわります。おとなが 9にん, こどもが 5にん います。いすは なんきゃく あれば よいでしょうか。〔12てん〕

しき

こたえ _____

7 ほんを ひとりに 1さつずつ くばります。おとなが 7にん, こどもが 8にん います。ほんは ぜんぶで なんさつ あれば よいでしょうか。〔12てん〕

しき

こたえ _____

8 りんごを ひとりに 1こずつ くばります。おとなが 5にん, こどもが 4にん います。りんごは ぜんぶで なんこ あれば よいでしょうか。〔12てん〕

しき

こたえ _____

9 はたを ひとりが 1ぽんずつ つくります。おとなが 9にん, こどもが 6にん います。はたは ぜんぶで なんぼん できますか。〔12てん〕

しき

こたえ _____

いろいろな もんだい **87**

いろいろな もんだい③

1 りんごが 6こ あります。4にんに 1こずつ くばると, りんごは なんこ あまりますか。〔5てん〕

しき 6 － 4 ＝ □   こたえ □ こ

2 いろがみが 12まい あります。9にんに 1まいずつ くばると, いろがみは なんまい あまりますか。〔5てん〕

しき 12 － 9 ＝   こたえ ＿＿＿＿ まい

3 えんぴつが 10ぽん あります。7にんに 1ぽんずつ くばると, えんぴつは なんぼん あまりますか。〔10てん〕

しき   こたえ ＿＿＿＿

4 えほんが 14さつ あります。8にんに 1さつずつ くばると, えほんは なんさつ あまりますか。〔10てん〕

しき   こたえ ＿＿＿＿

5 あめが 9こ あります。7にんに 1こずつ くばると, あめは なんこ あまりますか。〔10てん〕

しき   こたえ ＿＿＿＿

6 がようしが 15まい あります。7にんに 1まいずつ くばると, がようしは なんまい あまりますか。〔10てん〕

しき

こたえ _____

7 こどもが 8にん います。ひとりがけの いす 12きゃくに ひとりずつ すわると, いすは なんきゃく あまりますか。〔10てん〕

しき

こたえ _____

8 6にんの こどもに おもちゃを 1こずつ くばります。おもちゃは ぜんぶで 11こ あります。おもちゃは なんこ あまりますか。〔10てん〕

しき

こたえ _____

9 7にんの こどもに いろがみを 1まいずつ くばります。いろがみは ぜんぶで 12まい あります。いろがみは なんまい あまりますか。〔10てん〕

しき

こたえ _____

10 9にんの こどもに あめを 1こずつ くばります。あめは ぜんぶで 16こ あります。あめは なんこ あまりますか。
〔10てん〕

しき

こたえ _____

11 8にんで しゃしんを とります。ひとりがけの いすが 10きゃく あります。ぜんぶの ひとが すわって しゃしんを とると, いすは なんきゃく あまりますか。〔10てん〕

しき

こたえ _____

1 みかんが 6こ あります。8にんの こどもに 1こずつ
くばるには, みかんは なんこ たりませんか。〔5てん〕

しき 　8 − 6 = ☐　　こたえ ☐ こ

2 ばらが 8ほん あります。12にんの こどもに 1ぽんず
つ くばるには, ばらは なんぼん たりませんか。〔5てん〕

しき 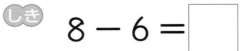　　こたえ

3 えんぴつが 7ほん あります。9にんの こどもに 1ぽん
ずつ くばるには, えんぴつは なんぼん たりませんか。

〔10てん〕

しき

こたえ

4 がようしが 9まい あります。14にんの こどもに 1ま
いずつ くばるには, がようしは なんまい たりませんか。

〔10てん〕

しき

こたえ

5 ほんが 5さつ あります。8にんの こどもに 1さつずつ
くばるには, ほんは なんさつ たりませんか。〔10てん〕

しき

こたえ

6 おかしが 8こ あります。10にんの こどもに 1こずつ
くばるには，おかしは なんこ たりませんか。〔10てん〕

（しき）

こたえ _____

7 こどもが 11にん いて，かきが 7こ あります。ひとり
に 1こずつ かきを くばるには，かきは なんこ たりませ
んか。〔10てん〕

（しき）

こたえ _____

8 だんごが 12ほん，さらが 9まい あります。1まいの
さらに だんごを 1ぽんずつ のせるには，さらは なんまい
たりませんか。〔10てん〕

（しき）

こたえ _____

9 りんごが 8こ あります。ひとりに 1こずつ，14にんに
くばるには，りんごは なんこ たりませんか。〔10てん〕

（しき）

こたえ _____

10 さらが 7まい あります。ひとりに 1まいずつ，13にん
に くばるには，さらは なんまい たりませんか。〔10てん〕

（しき）

こたえ _____

11 ひとりがけの いすが 9きゃく あります。17にんで しゃ
しんを とります。ぜんぶの ひとが すわって しゃしんを
とるには，いすは なんきゃく たりませんか。〔10てん〕

（しき）

こたえ _____

いろいろな もんだい⑤

答え▶ 別冊解答
16ページ

1 　なしが　6こ　あります。りんごは　なしより　3こ　おおい
そうです。りんごは　なんこ　ありますか。〔10てん〕

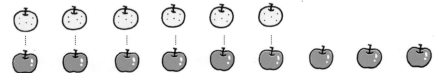

しき　　6＋3＝□　　　　　　　　こたえ　□こ

2 　1ねんせいが　8にん　います。2ねんせいは　1ねんせいよ
り　4にん　おおいそうです。2ねんせいは　なんにん　います
か。〔10てん〕

しき　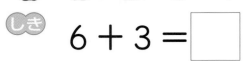　　　　　こたえ　

3 　なしが　9こ　あります。ももは　なしより　2こ　おおいそ
うです。ももは　なんこ　ありますか。〔10てん〕

しき

こたえ

4 　ずかんが　7さつ　あります。えほんは　ずかんより　3さつ
おおいそうです。えほんは　なんさつ　ありますか。〔10てん〕

しき

こたえ

5 　うえきばちが　6こ　あります。きゅうこんの　かずは　うえ
きばちより　8こ　おおいそうです。きゅうこんは　なんこ
ありますか。〔10てん〕

しき

こたえ

6 はとが 8わ います。すずめは はとより 3わ おおいそうです。すずめは なんわ いますか。〔10てん〕

しき

こたえ _____

7 てんとうむしが 7ひき います。ちょうは てんとうむしより 5ひき おおいそうです。ちょうは なんびき いますか。

〔10てん〕

しき

こたえ _____

8 あかい はなが 9ほん さいて います。しろい はなは, あかい はなより 4ほん おおく さいて いるそうです。しろい はなは なんぼん さいて いますか。〔10てん〕

しき

こたえ _____

9 あかりさんは おはじきを 6こ もって います。おねえさんは あかりさんより 4こ おおく もって います。おねえさんは おはじきを なんこ もって いますか。〔10てん〕

しき

こたえ _____

10 えいとさんは いちごを 5こ たべました。たいせいさんは えいとさんより 3こ おおく たべました。たいせいさんは いちごを なんこ たべましたか。〔10てん〕

しき

こたえ _____

1 みかんが 8こ あります。りんごは みかんより 2こ すくないそうです。りんごは なんこ ありますか。〔8てん〕

しき 8 − 2 = ☐   こたえ ☐ こ

2 ももが 12こ あります。なしは, ももより 4こ すくないそうです。なしは なんこ ありますか。〔8てん〕

しき 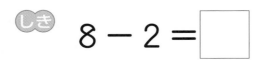 12 − 4 =

こたえ  こ

3 1ねんせいが 10にん います。2ねんせいは 1ねんせいより 3にん すくないそうです。2ねんせいは なんにん いますか。〔12てん〕

しき

こたえ

4 せみが 11ぴき います。かぶとむしは せみより 2ひき すくないそうです。かぶとむしは なんびき いますか。〔12てん〕

 しき

こたえ

5 てんとうむしが 12ひき います。ちょうは てんとうむし より 6ぴき すくないそうです。ちょうは なんびき います か。〔12てん〕

しき

こたえ _____

6 しろい ふうせんが 9つ あります。あおい ふうせんは しろい ふうせんより 2つ すくないそうです。あおい ふう せんは いくつ ありますか。〔12てん〕

しき

こたえ _____

7 いけに あかい きんぎょが 15ひき います。くろい きんぎょは, あかい きんぎょより 7ひき すくないそうで す。くろい きんぎょは なんびき いますか。〔12てん〕

しき

こたえ _____

8 ひなたさんは みかんを 13こ とりました。ゆうかさんが とった みかんの かずは, ひなたさんより 4こ すくないそ うです。ゆうかさんは なんこ とりましたか。〔12てん〕

しき

こたえ _____

9 きのう にわとりが たまごを 14こ うみました。きょう うんだ たまごの かずは, きのうより 6こ すくないそうで す。きょうは たまごを なんこ うみましたか。〔12てん〕

しき

こたえ _____

47

いろいろな もんだい⑦

1 7にんの こどもに おかしを 1こずつ くばりました。おかしは まだ 2こ のこって います。おかしは ぜんぶで なんこ ありましたか。〔10てん〕

こたえ _____

2 いろがみが 10まい あります。6にんに 1まいずつ くばると, いろがみは なんまい あまりますか。〔10てん〕

こたえ _____

3 えんぴつを ひとりに 1ぽんずつ くばります。おとなが 5にん, こどもが 8にん います。えんぴつは ぜんぶで なんぼん あれば よいでしょうか。〔10てん〕

こたえ _____

4 りんごが 14こ, さらが 9まい あります。1まいの さらに りんごを 1こずつ のせるには, さらは なんまい たりませんか。〔10てん〕

こたえ _____

5 みかんが 30こ あります。りんごは みかんより 10こ すくないそうです。りんごは なんこ ありますか。〔10てん〕

こたえ _____

6 おとなが 7にん います。こどもは おとなより 6にん おおいそうです。こどもは なんにん いますか。〔10てん〕

（しき）

こたえ ＿＿＿＿＿＿＿

7 なしが 6こ，りんごが 8こ あります。1こずつ 1まいの かみで つつみます。かみは ぜんぶで なんまい あれば よいでしょうか。〔10てん〕

（しき）

こたえ ＿＿＿＿＿＿＿

8 あかい はなが 28ほん さいて います。きいろい はなは あかい はなより 3ぼん すくないそうです。きいろいはなは なんぼん さいて いますか。〔15てん〕

（しき）

こたえ ＿＿＿＿＿＿＿

9 15にんの こどもが ひとりがけの いすに ひとりずつ すわって います。いすは まだ 3きゃく あまって います。いすは ぜんぶで なんきゃく ありますか。〔15てん〕

（しき）

こたえ ＿＿＿＿＿＿＿

ひとやすみ

◆14に するには

こたえが 14に なるように しましょう。□に いれられるのは，1から 9までの すうじです。

| □ ＋ □ | □ ＋ □ | □ ＋ □ |

| □ ＋ □ | □ ＋ □ |

（ヒント…おなじ すうじを 2かい つかいます。）

（こたえは べっさつの 20ページ）

48

ならびかた①

答え 別冊解答
17ページ

1 つぎの もんだいに こたえましょう。〔1もん 6てん〕

① まえから 3にんを ◯で かこみましょう。

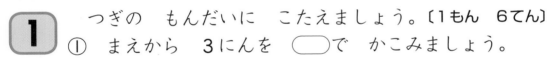

② まえから 3ばんめの ひとを ◯で かこみましょう。

2 つぎの もんだいに こたえましょう。〔1もん 8てん〕

① まえから 6にんを ◯で かこみましょう。

② まえから 6ばんめの ひとを ◯で かこみましょう。

3 つぎの もんだいに こたえましょう。〔1もん 8てん〕

① ひだりから 5こを ◯で かこみましょう。

② ひだりから 5ばんめの りんごを ◯で かこみましょう。

4 したの　えを　みて，もんだいに　こたえましょう。

〔1もん　8てん〕

りおさん

まえ　　　　　　　　　　　　　　　　　　　　　　　うしろ

① りおさんは　まえから　なんばんめですか。

こたえ _____

② りおさんの　まえには　なんにん　いますか。

こたえ _____

③ りおさんの　つぎから　かぞえて　4ばんめの　ひとを
　○で　かこみましょう。

④ りおさんの　つぎから　かぞえて　4ばんめの　ひとは
　まえから　なんばんめですか。

こたえ _____

5 したの　えを　みて，もんだいに　こたえましょう。

〔1もん　8てん〕

そうたさん

まえ　　　　　　　　　　　　　　　　　　　　　　　うしろ

① そうたさんは　まえから　なんばんめですか。

こたえ _____

② そうたさんの　つぎから　かぞえて　5ばんめの　ひとを
　○で　かこみましょう。

③ そうたさんの　つぎから　かぞえて　5ばんめの　ひとは
　まえから　なんばんめですか。

こたえ _____

49

ならびかた②

1 こどもが 1れつに ならんで います。ゆうとさんの まえに 3にん います。ゆうとさんは まえから なんばんめですか。〔10てん〕

ゆうとさん

まえ　　　　　　　　　　　　　　　　　　　　　　　　うしろ

こたえ ＿＿＿＿＿＿ ばんめ

2 こどもが 1れつに ならんで います。あおいさんの まえに 5にん います。あおいさんは まえから なんばんめですか。〔10てん〕

 5＋1＝

こたえ ＿＿＿＿＿＿ ばんめ

3 こどもが 1れつに ならんで います。さらさんの まえに 8にん います。さらさんは まえから なんばんめですか。

〔15てん〕

こたえ ＿＿＿＿＿＿

4 こどもが 1れつに ならんで います。みおさんの まえに 6にん います。みおさんは まえから なんばんめですか。

〔15てん〕

こたえ ＿＿＿＿＿＿

5 こどもが 1れつに ならんで います。ももかさんは まえから 2ばんめで, うしろに ひとり います。みんなで なんにん いますか。〔10てん〕

こたえ ＿＿＿＿＿ にん

6 こどもが 1れつに ならんで います。はるさんは まえから 3ばんめで, うしろに ふたり います。みんなで なんにん いますか。〔10てん〕

しき　3＋2＝

こたえ ＿＿＿＿＿ にん

7 1れつに ならんで きっぷを かって います。りょうまさんは まえから 5ばんめに いて, うしろに 3にん います。みんなで なんにん いますか。〔15てん〕

しき

こたえ ＿＿＿＿＿＿＿＿＿＿

8 1れつに ならんで あるいて います。いつきさんは まえから 4ばんめに いて, うしろに 6にん います。ぜんぶで なんにん いますか。〔15てん〕

しき

こたえ ＿＿＿＿＿＿＿＿＿＿

50 ならびかた③

答え▶ 別冊解答
18 ページ

1 1れつに ならんで けんさを うけて います。ゆうせいさんは まえから 3ばんめで，うしろに 6にん います。ぜんぶで なんにん いますか。〔10てん〕

こたえ _____

2 1れつに ならんで けんさを うけて います。 あおとさんの まえに 7にん います。あおとさんは まえから なんばんめですか。〔10てん〕

こたえ _____

3 ひとりずつ じゅんばんに はしります。かのんさんが はしる まえに，4にんが はしりました。かのんさんは，はじめから かぞえて なんばんめに はしりますか。〔10てん〕

こたえ _____

4 じどうしゃが 1れつに なって はしって います。さきさんの のった じどうしゃは まえから 9ばんめを はしって いて，うしろに 3だい います。じどうしゃは ぜんぶで なんだい はしって いますか。〔10てん〕

こたえ _____

5 こどもが 1れつに ならんで います。いちかさんは まえ から 4ばんめです。ゆあさんは, いちかさんの つぎから かぞえて 3ばんめです。ゆあさんは まえから なんばんめで すか。〔15てん〕

いちかさん　ゆあさん
まえ　　　　　　　　　　　　　　　　　うしろ

しき

こたえ　　　　　　　　ばんめ

6 ていりゅうじょで 1れつに ならんで バスを まって います。そうたさんは まえから 6ばんめです。ひかりさんは, そうたさんの つぎから かぞえて 4ばんめです。ひかりさん は まえから なんばんめですか。〔15てん〕

しき

こたえ

7 こどもが 1れつに ならんで います。りくさんは まえか ら 7ばんめです。あさひさんは, りくさんの つぎから かぞ えて 5ばんめです。あさひさんは まえから なんばんめです か。〔15てん〕

しき

こたえ

8 きっぷを かう ひとが 1れつに ならんで います。りこ さんは まえから 4ばんめです。たくみさんは, りこさんの つぎから かぞえて 8ばんめです。たくみさんは まえから なんばんめですか。〔15てん〕

しき

こたえ

51

ならびかた④

1 １れつに ならんで バスを まって います。りくとさんの まえに ７にん います。りくとさんは まえから なんばんめ ですか。〔10てん〕

 しき

こたえ ＿＿＿＿＿＿＿＿

2 こどもが １れつに ならんで います。はなさんの うしろ に ３にん います。はなさんは うしろから なんばんめです か。〔10てん〕

 しき

こたえ ＿＿＿＿＿＿＿＿

3 ほんが つみかさねて あります。どうわの ほんは うえか ら ５ばんめで, したには ４さつ あります。ほんは ぜんぶ で なんさつ ありますか。〔10てん〕

 しき

こたえ ＿＿＿＿＿＿＿＿

4 こどもが よこに １れつに ならんで います。みつきさん は ひだりから ６ばんめです。ゆうまさんは, みつきさんの つぎから かぞえて ５ばんめです。ゆうまさんは ひだりから なんばんめですか。〔10てん〕

 しき

こたえ ＿＿＿＿＿＿＿＿

5 1れつに なって はしって います。だいちさんは まえから 4ばんめを はしって います。だいちさんの まえには なんにん いますか。〔12てん〕

だいちさん
↓

まえ　　　　　　　　　　　　　　　　　　　　　　　うしろ

しき　4 − 1 ＝

こたえ　　　　　　　　　　　にん

6 1れつに なって あるいて います。しおりさんは まえから 7ばんめを あるいて います。しおりさんの まえには なんにん あるいて いますか。〔12てん〕

しき

こたえ

7 1れつに なって はしって います。こはるさんは まえから 6ばんめを はしって います。こはるさんの まえには なんにん いますか。〔12てん〕

しき

こたえ

8 1れつに なって あるいて います。れんさんは まえから 5ばんめです。れんさんの まえには なんにん いますか。

しき

〔12てん〕

こたえ

9 1れつに なって きっぷを かって います。ひなたさんは まえから 8ばんめです。ひなたさんの まえには なんにん いますか。〔12てん〕

しき

こたえ

52

ならびかた⑤

1 １れつに ならんで バスを まって います。さくらさんは まえから ６ばんめです。さくらさんの まえには なんにん いますか。〔10てん〕

こたえ _____

2 １れつに ならんで きっぷを かって います。あやとさん の まえに ６にん います。あやとさんは まえから なんば んめですか。〔10てん〕

こたえ _____

3 ひとりずつ じゅんばんに はしります。ゆいさんは まえか ら ７ばんめです。ゆいさんの まえには なんにん います か。〔10てん〕

こたえ _____

4 ひとりずつ じゅんばんに うたいます。ひまりさんの まえ に，５にんが うたいました。ひまりさんが うたうのは，はじ めから かぞえて なんばんめですか。〔10てん〕

こたえ _____

5 ほんが つみかさねて あります。どうわの ほんは うえか ら ８ばんめに あります。どうわの ほんの うえには，ほん は なんさつ ありますか。〔10てん〕

こたえ _____

6 7にんの 子どもが 1れつに ならんで います。そうまさんは まえから 3ばんめです。そうまさんの うしろには なんにん ならんで いますか。〔10てん〕

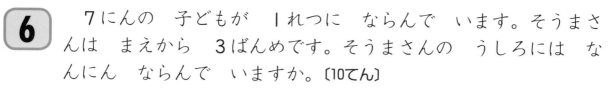

そうまさん

まえ　　　　　　　　　　　　　　　　　　　　うしろ

しき　7 − 3 ＝

こたえ　　　　　　　　にん

7 9にんが 1れつに ならんで バスを まって います。ゆうきさんは まえから 4ばんめです。ゆうきさんの うしろには なんにん いますか。〔10てん〕

しき

こたえ

8 10にんの こどもが 1れつに ならんで います。つむぎさんは まえから 6ばんめです。つむぎさんの うしろには なんにん いますか。〔10てん〕

しき

こたえ

9 12にんの ひとが 1れつに ならんで きっぷを かって います。いろはさんは まえから 7ばんめです。いろはさんの うしろには なんにん いますか。〔10てん〕

しき

こたえ

10 15にんが ひとりずつ じゅんばんに はしります。8ばんめの ひとまで はしりました。これから はしる ひとは あと なんにん いますか。〔10てん〕

しき

こたえ

53 ならびかた⑥

答え 別冊解答
19ページ

1 1れつに ならんで けんさを うけて います。はるとさん は まえから 8ばんめです。はるとさんの まえには なんに ん いますか。〔10てん〕

しき

こたえ

2 14にんが 1れつに ならんで けんさを うけます。まえ から 6ばんめの ひとまで おわりました。けんさを うける ひとは, あと なんにん いますか。〔10てん〕

しき

こたえ

3 12にんが ひとりずつ じゅんばんに はしります。5ばん めの ひとまで おわりました。これから はしる ひとは あと なんにん いますか。〔10てん〕

しき

こたえ

4 しゃしんを とるために よこ 1れつに ならびました。い つきさんは ひだりから 4ばんめです。いつきさんの ひだり には なんにん ならんで いますか。〔10てん〕

しき

こたえ

5 よこ 1れつの ぼうしかけに ぼうしが 16 かけて あ ります。みおさんの ぼうしは みぎから 7ばんめです。みお さんの ぼうしの ひだりには, ぼうしが いくつ あります か。〔10てん〕

しき

こたえ

6 　6にんの　こどもが　1れつに　ならんで　います。たいせい
さんの　まえに　4にん　います。たいせいさんは　うしろから
なんばんめですか。〔10てん〕

たいせいさん
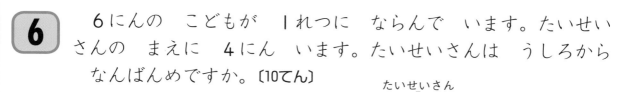

しき　　6－4＝　　　　　　　　　　こたえ　　　　　　　　　　ばんめ

7 　きっぷを　かう　ひと　9にんが，1れつに　ならんで　いま
す。かんなさんの　まえに　5にん　います。かんなさんは
うしろから　なんばんめですか。〔10てん〕

しき

　　　　　　　　　　　　　　　　　こたえ

8 　10にんの　こどもが　1れつに　ならんで　います。あいり
さんの　まえに　6にん　います。あいりさんは　うしろから
なんばんめですか。〔10てん〕

しき

　　　　　　　　　　　　　　　　　こたえ

9 　ていりゅうじょで　12にんが　1れつに　ならんで　バスを
まって　います。しょうまさんの　まえに　3にん　います。
しょうまさんは　うしろから　なんばんめですか。〔10てん〕

しき

　　　　　　　　　　　　　　　　　こたえ

10 　しゃしんを　とるために　よこ　1れつに　14にん　ならび
ました。りくさんの　みぎに　8にん　います。りくさんは
ひだりから　なんばんめですか。〔10てん〕

しき

　　　　　　　　　　　　　　　　　こたえ

答え▶ 別冊解答 19ページ

1 こどもが 1れつに ならんで あるいて います。さくさんは まえから 9ばんめです。さくさんの まえには なんにん いますか。〔10てん〕

しき

こたえ _____

2 15にんの こどもが 1れつに ならんで います。ひなたさんは まえから 9ばんめです。ひなたさんの うしろには なんにん いますか。〔10てん〕

しき

こたえ _____

3 じどうしゃが 1れつに なって はしって います。かいとさんの のった じどうしゃの うしろには 7だい はしって います。かいとさんの のった じどうしゃは うしろから なんばんめですか。〔10てん〕

しき

こたえ _____

4 ほんが 12さつ つみかさされて あります。はなの ほんの したに 6さつ あります。はなの ほんは うえから なんさつめですか。〔10てん〕

しき

こたえ _____

5 きっぷを かう ひと 11にんが, 1れつに ならんで います。さなさんの まえに 5にん います。さなさんは うしろから なんばんめですか。〔10てん〕

しき

こたえ _____

6 ひとりずつ じゅんばんに バスに のります。ゆうまさんは まえから 8ばんめに のります。ゆうまさんの うしろに 5にん います。ぜんぶで なんにん のりますか。〔10てん〕

しき

こたえ _____

7 こどもが 1れつに ならんで います。めいさんは まえから 4ばんめです。えいたさんは めいさんの つぎから かぞえて 8ばんめです。えいたさんは まえから なんばんめですか。〔10てん〕

しき

こたえ _____

8 きっぷを かう ひとが 1れつに ならんで います。たくみさんは まえから かぞえて 6ばんめです。たくみさんの うしろには 3にん います。みんなで なんにん ならんで いますか。〔10てん〕

しき

こたえ _____

9 14にんの ひとが 1れつに ならんで きっぷを かって います。あかりさんは うしろから 6ばんめです。あかりさんの まえには なんにん ならんで いますか。〔10てん〕

しき

こたえ _____

10 ほんだなに ほんが ならんで います。どうわの ほんの ひだりに 9さつ あります。どうわの ほんは ひだりから なんさつめですか。〔10てん〕

しき

こたえ _____

1ねんの まとめ①

答え▶ 別冊解答 20ページ

1 さかなつりに いきました。そうたさんは 8ひき, おとうさんは 9ひき つりました。ふたりの つった さかなは あわせて なんびきですか。〔10てん〕

しき

こたえ _____

2 ゆうなさんは おはじきを 17こ もって います。いもうとに 8こ あげました。ゆうなさんの おはじきは なんこに なりましたか。〔10てん〕

しき

こたえ _____

3 すいそうに きんぎょが 7ひき います。きょう 3びき いれました。すいそうの なかの きんぎょは ぜんぶで なんびきに なりましたか。〔10てん〕

しき

こたえ _____

4 こやの なかに にわとりが 11わ います。そのうち 8わが こやの そとに でて いきました。こやの なかの にわとりは なんわに なりましたか。〔10てん〕

しき

こたえ _____

5 あかい いろがみが 40まい, きいろい いろがみが 90まい あります。ちがいは なんまいですか。〔10てん〕

しき

こたえ _____

6 ひとりがけの　いす　13きゃくに　こどもが　ひとりずつ
すわりました。まだ　すわれない　こどもが　4にん　います。
こどもは　ぜんぶで　なんにん　いますか。〔10てん〕

しき

こたえ _____

7 きっぷを　かう　ひと　7にんが　1れつに　ならんで
います。ひろとさんの　まえに　3にん　います。ひろとさんは
うしろから　なんばんめですか。〔10てん〕

しき

こたえ _____

8 ほんだなに　ほんが　18さつ　ならんで　います。きょう
おともだちに　3さつ　かして　あげました。ほんだなの　ほん
は　なんさつに　なりましたか。〔10てん〕

しき

こたえ _____

9 おにぎりを　12こ　つくりました。おとうさんが　3こ,
おにいさんが　4こ　たべました。おにぎりは　なんこ　のこっ
ていますか。〔10てん〕

しき

こたえ _____

10 かだんに　ばらが　13ぼん, ゆりが　9ほん　さいて　いま
す。ばらは　ゆりより　なんぼん　おおく　さいて　いますか。
〔10てん〕

しき

こたえ _____

1 れいぞうこの なかに たまごが 12こ はいって います。きょう 4こ つかいました。れいぞうこに たまごは なんこ のこって いますか。〔10てん〕

しき

こたえ

2 どんぐりを あんなさんは 12こ ひろいました。りょうまさんは あんなさんより 5こ おおく ひろいました。りょうまさんは どんぐりを なんこ ひろいましたか。〔10てん〕

しき

こたえ

3 こはるさんは おはじきを 7こ もって います。おねえさんから 8こ もらいました。こはるさんの おはじきは なんこに なりましたか。〔10てん〕

しき

こたえ

4 15にんの ひとが 1れつに ならんで けんさを うけます。まえから 9ばんめの ひとまで おわりました。けんさを うける ひとは, あと なんにん いますか。〔10てん〕

しき

こたえ

5 6にんの こどもに みかんを 1こずつ くばりました。みかんは まだ 3こ のこって います。みかんは ぜんぶで なんこ ありましたか。〔10てん〕

しき

こたえ

6 りんごが 8こ, みかんが 13こ あります。りんごと
みかんでは どちらが なんこ おおいですか。〔10てん〕

しき

こたえ _____

7 むしとりに いきました。かぶとむしと くわがたを ぜんぶ
で 13びき つかまえました。そのうち, かぶとむしは 8ひ
き います。くわがたは なんびき いますか。〔10てん〕

しき

こたえ _____

8 こうえんで こどもが 8にん あそんで いました。そのう
ち, 3にんが かえりました。その あと, 5にんが あそびに
きました。こうえんで あそんで いる こどもは なんにんに
なりましたか。〔10てん〕

しき

こたえ _____

9 ゆうびんきょくへ 100えんを もって おつかいに いきま
した。80えんの きってを 1まい かいました。おつりは
いくらですか。〔10てん〕

しき

こたえ _____

10 すずめが 38わ, はとが 6わ います。すずめと はとの
ちがいは なんわですか。〔10てん〕

しき

こたえ _____

答え▶ 別冊解答 20ページ

1 ひよこが こやの なかに 4わ, こやの そとに 5わ います。ひよこは ぜんぶで なんわ いますか。〔10てん〕

しき

こたえ _____

2 でんしゃに おきゃくさんが 8にん のって いました。つぎの えきで 5にん おりて, 6にん のって きました。おきゃくさんは なんにんに なりましたか。〔10てん〕

しき

こたえ _____

3 みかんが 13こ あります。こどもに ひとり 1こずつ くばりました。ところが みかんは 5こ たりません。こどもは なんにん いましたか。〔10てん〕

しき

こたえ _____

4 こうていで 1くみのせいとが 8にん あそんで います。2くみのせいとは 1くみのせいとより 6にん おおいそうです。2くみのせいとは なんにん あそんで いますか。〔10てん〕

しき

こたえ _____

5 こどもが 1れつに ならんで います。ゆあさんは まえから 9ばんめです。あおいさんは ゆあさんの つぎから かぞえて 4ばんめです。あおいさんは まえから なんばんめですか。〔10てん〕

しき

こたえ _____

6 どんぐりを そうまさんは 7こ ひろいました。さらさんは 5こ ひろいました。そうまさんは さらさんより なんこ おおく ひろいましたか。〔10てん〕

しき

こたえ _____

7 ちゅうしゃじょうに くるまが 16だい とまって います。8だい でて いきました。いま くるまは なんだい とまって いますか。〔10てん〕

しき

こたえ _____

8 ひかりさんは いろがみを 18まい もって いました。そのうち なんまいかを いもうとに あげたので, のこりが 8まいに なりました。ひかりさんは なんまい いろがみを あげましたか。〔10てん〕

しき

こたえ _____

9 まとあてを しました。りんさんは 3こ あてました。そらさんも 3こ あてました。ふたりの あてた かずの ちがいは なんこですか。〔10てん〕

しき

こたえ _____

10 なしが 7こ, りんごが 8こ あります。1こずつ ふくろに いれます。ふくろは ぜんぶで なんまい あれば よいですか。〔10てん〕

しき

こたえ _____

かずの かぞえかたの ひょう

かず ＼ もの	いぬ	うま	とり
1	1ぴき	1とう	1わ
2	2ひき	2とう	2わ
3	3びき	3とう	3わ (3ば)
4	4ひき	4とう	4わ
5	5ひき	5とう	5わ
6	6ぴき (6ひき)	6とう	6わ (6ぱ)
7	7ひき	7とう	7わ
8	8ひき (8ぴき)	8とう	8わ (8ぱ)
9	9ひき	9とう	9わ
10	10ぴき	10とう	10ぱ (10わ)

りんご	くるま	えんぴつ	いろがみ	ひと	ほん
1こ	1だい	1ぽん	1まい	ひとり	1さつ
2こ	2だい	2ほん	2まい	ふたり	2さつ
3こ	3だい	3ぽん	3まい	3にん	3さつ
4こ	4だい	4ほん	4まい	4にん	4さつ
5こ	5だい	5ほん	5まい	5にん	5さつ
6こ	6だい	6ぽん (6ほん)	6まい	6にん	6さつ
7こ	7だい	7ほん	7まい	7にん	7さつ
8こ	8だい	8ぽん (8ほん)	8まい	8にん	8さつ
9こ	9だい	9ほん	9まい	9にん	9さつ
10こ	10だい	10ぽん	10まい	10にん	10さつ

基礎力をつけるには くもんの小学ドリル が 強いみかた!!

スモールステップで、らくらく力がついていく!!

算数

計算シリーズ（全13巻）
① 1年生たしざん
② 1年生ひきざん
③ 2年生たし算
④ 2年生ひき算
⑤ 2年生かけ算（九九）
⑥ 3年生たし算・ひき算
⑦ 3年生かけ算
⑧ 3年生わり算
⑨ 4年生わり算
⑩ 4年生分数・小数
⑪ 5年生分数
⑫ 5年生小数
⑬ 6年生分数

数・量・図形シリーズ（学年別全6巻）

文章題シリーズ（学年別全6巻）

プログラミング
① 1・2年生　② 3・4年生　③ 5・6年生

学力チェックテスト

算数（学年別全6巻）

国語（学年別全6巻）

英語（5年生・6年生 全2巻）

国語

1年生ひらがな

1年生カタカナ

漢字シリーズ（学年別全6巻）

言葉と文のきまりシリーズ（学年別全6巻）

文章の読解シリーズ（学年別全6巻）

書き方（書写）シリーズ（全4巻）
① 1年生ひらがな・カタカナのかきかた
② 1年生かん字のかきかた
③ 2年生かん字の書き方
④ 3年生漢字の書き方

英語

3・4年生はじめてのアルファベット
ローマ字学習つき

3・4年生はじめてのあいさつと会話

5年生英語の文

6年生英語の文

くもんの算数集中学習　小学1年生 文章題にぐーんと強くなる

2020年 2 月　第 1 版第 1 刷発行
2024年 7 月　第 1 版第10刷発行

●発行人　志村直人
●発行所　株式会社くもん出版
　　　　　〒141-8488 東京都品川区東五反田2-10-2
　　　　　　　　　　　東五反田スクエア11F
　　　　　電話　編集直通　03（6836）0317
　　　　　　　　営業直通　03（6836）0305
　　　　　　　　代表　　　03（6836）0301

●印刷・製本　TOPPAN株式会社
●カバーデザイン　辻中浩一＋小池万友美（ウフ）
●カバーイラスト　亀山鶴子

© 2020 KUMON PUBLISHING CO.,Ltd Printed in Japan
ISBN 978-4-7743-2969-7

くもん出版ホームページアドレス　https://www.kumonshuppan.com/

※本書は『文章題集中学習 小学1年生』を改題し、新しい内容を加えて編集しました。